山西师范大学校基金（山西省高质量发展重大问题研究专项）（GZLFZ2311）
山西师范大学产学研项目（CXY2314）
山西省高等学校哲学社会科学研究项目（2023W061）

·经济与管理书系·

长江经济带城镇化对生态环境风险的影响研究

白 俊 | 著

光明日报出版社

图书在版编目（CIP）数据

长江经济带城镇化对生态环境风险的影响研究 / 白俊著. -- 北京：光明日报出版社，2024. 5

ISBN 978-7-5194-7961-9

Ⅰ. ①长… Ⅱ. ①白… Ⅲ. ①长江经济带—城市化—生态环境—环境影响—研究 Ⅳ. ①X820. 3

中国国家版本馆 CIP 数据核字（2024）第 101964 号

长江经济带城镇化对生态环境风险的影响研究

CHANGJIANG JINGJIDAI CHENGZHENHUA DUI SHENGTAI HUANJING FENGXIAN DE YINGXIANG YANJIU

著　　者：白　俊

责任编辑：陈永娟　　　　责任校对：许　怡　董小花

封面设计：中联华文　　　　责任印制：曹　净

出版发行：光明日报出版社

地　　址：北京市西城区永安路 106 号，100050

电　　话：010-63169890（咨询），010-63131930（邮购）

传　　真：010-63131930

网　　址：http：//book. gmw. cn

E - mail：gmrbcbs@ gmw. cn

法律顾问：北京市兰台律师事务所龚柳方律师

印　　刷：三河市华东印刷有限公司

装　　订：三河市华东印刷有限公司

本书如有破损、缺页、装订错误，请与本社联系调换，电话：010-63131930

开　　本：170mm×240mm

字　　数：186 千字　　　　印　　张：15

版　　次：2024 年 5 月第 1 版　　　　印　　次：2024 年 5 月第 1 次印刷

书　　号：ISBN 978-7-5194-7961-9

定　　价：95. 00 元

前　言

作为支撑我国高质量发展的内河经济带，长江经济带人口规模和经济规模占据全国“半壁江山”，是我国城镇化发展的重心所在和活力所在，在构建绿色发展新格局中占据重要地位。然而，快速城镇化所引发的负面问题不容忽视，诸如生态破坏、环境污染和热岛效应等风险危机，这种以牺牲生态环境为代价换取一时发展的“短视行为”，无疑对长江经济带可持续健康发展产生严重威胁。党的二十大报告指出，要坚决维护国家安全，防范化解重大风险，着力解决生态环境领域突出风险矛盾，落实总体国家安全观。基于此，十分有必要围绕长江经济带城镇化中的生态环境风险问题开展系统研究，厘清城镇化发展对生态环境风险的作用机理，量化测度城镇化对生态环境风险的影响效应，并针对研究中发现的问题，从协同角度提出城镇化与生态环境风险治理策略。本研究从落实总体国家安全观的角度出发，聚焦城镇化发展对长江经济带生态环境风险的影响效应和作用机理关键问题，对实现长江经济带城镇化发展绿色转型和规避生态环境风险，具有重要的理论意义和现实价值。

本研究按照“发现问题—提出问题—分析问题—解决问题”的经典范式，围绕长江经济带城镇化对生态环境风险的影响效应这一关键问题展开系统研究。首先，梳理国内外城镇化与生态环境风险相关理论、技术和方法，分析既有研究成果的不足之处，剖析生态环境风险内涵本质及其与城镇化的深层联系，以此构成本书的研究起点和理论基础。其次，从"受体—压力—表征—响应"维度构建长江经济带生态环境风险指数评价体系，分析长江经济带生态环境风险的区域差异、时空演化和空间集聚特征；进一步运用空间杜宾模型，实证检验长江经济带城镇化对生态环境风险的影响效应。最后，提出长江经济带城镇化与生态环境风险协同治理的路径选择。主要研究内容及结果如下：

(1)基于"现状评价—风险测度—空间演化—协同策略"的逻辑思路提出了长江经济带城镇化对生态环境风险的影响研究分析框架。一是在梳理国内外城镇化与生态环境风险相关理论、技术方法和研究结论基础上，构建以区域经济发展、生态环境安全和协同治理等为支撑的理论基础及影响机理，并对长江经济带城镇化发展及生态环境风险发展现状进行客观评价。二是构建长江经济带生态环境风险指数评价体系并进行量化测度。三是运用 Dagum 基尼系数及其差异分解模型、核密度估计和空间分析法，分析长江经济带生态环境风险的区域差异、时空演变和集聚特征，实证检验长江经济带城镇化对生态环境风险的空间影响效应。四是结合理论研究和实证检验结果，从协同治理视角提出相关政策建议，为长江经济带城镇化与生态环境风险协同治理相关决策制定提出有益参考。

(2)量化测度了长江经济带生态环境风险指数并分析其时空演化特征。一是从"受体—压力—表征—响应"四个维度构造生态环境风险指数评价体系，并采用自然断点分级法对风险等级进行划分。研究结果为：①整体而言，2000—2020 年长江经济带生态环境风险指数为50.25~92.16，长江经济带大部分地区处于“较高风险”等级。其中，江苏的生态环境风险等级是最高的，而安徽的风险等级则是最低的。②从流域角度而言，上游地区风险均值66.39，中游地区风险均值71.09，下游地区风险均值69.35，长江经济带生态环境风险中游地区>下游地区>上游地区。③从地区角度而言，江苏省生态环境风险均值达到80.11，是长江经济带生态环境风险等级最高地区；安徽省生态环境风险均值58.54，是长江经济带生态环境风险等级最低地区。二是利用Dagum基尼系数法及其差异分解法对长江经济带生态环境风险的空间差异性进行分析。研究结果为：①长江经济带生态环境风险总体基尼系数呈“下降—上升—下降—上升—下降—上升—下降—上升—下降”演变特征。其中，内部差异最大的是下游地区，其次是上游地区，中游地区差异最小。②超变密度贡献率是引发长江经济带生态环境风险的主要原因，年均贡献率42.61%，而经济带内年均贡献率、经济带区间贡献率分别为29.55%、27.84%。三是运用核密度估计法对长江经济带生态环境风险的时空演化特征进行刻画。研究结果为：①长江经济带生态环境风险核密度曲线自下游向中上游移动，呈“上升—下降”趋势。②从演变形态看，曲线右拖尾现象严重，长江经济带内部生态环境风险差距有进一步拉大趋势。③从延展趋势看，长江经济带生态环境风险延展性表现出“小幅收窄—轻微拓宽—略微收敛”的动态演变过程，呈现一定程度的收敛特征。四是根据莫兰指数测算结果，不同矩阵下长江经济带生态环境风险值域[-0.446，0.097]，表明其存在空间自相关性。

（3）利用空间杜宾模型实证分析了长江经济带城镇化对生态环境风险的影响效应并进行效应分解。一是基于Wald检验、LR检验和Hausman检验的结果表明，应选取固定效应而不是随机效应开展空间杜宾模型(Spatial Durbin Model，缩写为SDM)分析，利用该模型得出的估计结果较空间自回归模型(Spatial Autoregressive Model，缩写为SAR)和空间误差模型(Spatial Error Model，缩写为SEM)准确性更高。二是按照“经济城镇化—人口城镇化—土地城镇化—社会城镇化”的思路，采用空间杜宾模型实证检验了长江经济带城镇化对生态环境风险的影响效应。研究结果为：在不同矩阵下，随着本地区人均GDP、二三产业就业数、人均固定资产投资、单位面积碳排放量、污染投资额与GDP之比等变量的增加，临近地区生态环境风险也提高，相互间呈现正相关关系。而本地区人均社会消费品零售额、人均能源消费量则与周边地区生态环境风险呈现负相关关系，即单个地区人均社会消费品零售额、人均能源消费量增加，周边地区生态环境风险则随之降低。三是从直接效应、溢出效应和总效应三方面，对长江经济带城镇化影响生态环境风险的效应进行分解。结果为：①直接效应中，人均GDP、二三产业就业数、人均固定资产投资、单位面积碳排放量、污染投资额与GDP之比等变量系数均为正数，表明其对本地区生态环境风险起促进作用。而二三产业比重、人口密度、人均城市道路面积、人均社会消费品零售额、人均能源消费量等变量系数均为负数，表明其对本地区生态环境风险起抑制作用。②溢出效应中，人均GDP、二三产业就业数、人均建成区面积、人均能源消费量、人均公共绿地面积变量系数为正，意味着其对临近地区生态环境风险起正向溢出作用。而人口密度、人均城市道路面积、人均社会消费品零售额等变量系数为负，表示其对临近地区生态环境风险有负向溢出作用。③总效应中，人均GDP、二三产业就业数、人均建成区面积、人均公共绿地面积变量系数为正，表示其对长江经济带生态环境风险产生正向作用。而人口密度、人均城市道路面积、人均社会消费品零售额等变量系数为负，表明其对长江经济带生态环境风险产生负向作用。

(4)从能源协同、财政金融协同、双碳战略协同、城镇化发展协同和产业协同等方面提出长江经济带城镇化与生态环境风险协同治理路径。一是优化能源结构，大力发展清洁能源，推动能源设施互联互通，实现能源协同。二是充分发挥财政资金引导作用，大力发展"绿色+"金融产品，多渠道增加生态环境风险治理资金投入，实现财政金融协同。三是深入推进减污降碳体制机制、激励约束和政策体系建设，实现双碳战略协同。四是优化城镇化发展布局，推动生态环境风险共防共治和交通基础设施联通，实现城镇化发展协同。五是完善产业发展顶层设计，推进产业有序转移以及完善相关政策体系，实现产业协同。

本研究的主要创新点体现在以下三方面：

(1)从受体、压力、表征和响应的角度构建了一套长江经济带生态环境风险指数测度体系，更加全面刻画了长江经济带生态环境风险的时空演化特征。本研究基于较长时期生态环境风险指数的估算，一方面分析了长江经济带生态环境风险的时空演化和延展趋势，另一方面探讨了转型期长江经济带生态环境风险的空间差异性问题，揭示了长江经济带生态环境风险的演变过程和影响因素，有利于进一步丰富生态环境风险研究方面的文献。

(2)在总体国家安全观既定顶层框架下，本研究厘清了城镇化与生态环境风险的互馈关系和影响机制，并从直接效应、溢出效应和总效应三方面，实证分析了长江经济带城镇化对生态环境风险的影响效应，充分体现了长江经济带高质量发展、生态文明建设的现实逻辑和内在需求，一定程度上解决了长江经济带城镇化对生态环境风险影响研究实证分析匮乏的问题。

(3) 引入“协同治理”概念，提出了长江经济带城镇化与生态环境风险协调发展的优化路径。立足城镇化发展过程中生态环境风险的空间异质性特征，本研究从能源协同、财政金融协同、双碳战略协同、城镇化发展协同和产业协同等角度，提出了长江经济带城镇化发展与生态环境风险协同治理策略，一方面能够为其他类似地区城镇化与生态环境风险协同治理提供经验借鉴；另一方面也能够为防范化解重大领域安全风险以及践行总体国家安全观重大举措提供决策支持。

目　录

CONTENTS

第一章　绪论……………………………………………………… 1

第一节　选题背景与研究意义…………………………………………… 1

一、选题背景…………………………………………………………… 1

二、研究目的…………………………………………………………… 3

三、研究意义…………………………………………………………… 4

第二节　国内外相关研究述评…………………………………………… 6

一、生态风险和环境风险相关研究…………………………………… 6

二、城镇化相关研究 ………………………………………………… 22

三、城镇化对生态环境影响相关研究 ……………………………… 36

四、城镇化中的生态环境风险治理相关研究 ……………………… 47

五、简要述评 ………………………………………………………… 51

第三节　研究思路、内容与方法 ……………………………………… 52

一、研究思路 ………………………………………………………… 52

二、研究内容 ………………………………………………………… 53

三、研究方法 ………………………………………………………… 55

第四节 创新点 …… 57

第二章 长江经济带城镇化对生态环境风险影响的理论基础 …… 59

第一节 区域经济发展、城镇化与生态环境风险 …… 59

一、区域经济发展与生态环境安全 …… 59

二、城镇化与生态环境安全 …… 63

三、生态环境风险与生态环境安全 …… 67

第二节 城镇化对生态环境风险的影响机制 …… 71

一、城镇化对生态环境风险的直接影响机制 …… 71

二、城镇化对生态环境风险的空间溢出机制 …… 73

第三节 城镇化与生态环境风险的协同治理 …… 74

一、城镇化与生态环境风险协同治理的提出 …… 74

二、城镇化与生态环境风险协同治理的内在关联 …… 76

三、城镇化与生态环境风险协同治理行动主体 …… 77

四、城镇化与生态环境风险协同治理政策 …… 78

第四节 本章小结 …… 79

第三章 长江经济带城镇化及其生态环境风险现状分析 …… 80

第一节 长江经济带概况 …… 80

一、经济现状 …… 80

二、社会发展 …… 82

三、资源环境 …… 86

第二节 长江经济带城镇化演变历程与现状特征 …… 89

一、演变历程 …… 89

二、现状特征 …………………………………………………………… 91
第三节　长江经济带城镇化中的生态环境风险现状分析 ……… 93
一、基本现状 …………………………………………………………… 93
二、问题及原因 ………………………………………………………… 99
第四节　本章小结…………………………………………………… 101

第四章　长江经济带生态环境风险指数测算及其时空演化………… 103
第一节　模型方法与指标体系……………………………………… 104
一、模型方法…………………………………………………………… 104
二、指标体系构建……………………………………………………… 110
三、数据来源与处理…………………………………………………… 114
第二节　长江经济带生态环境风险指数估算……………………… 115
一、指标权重测算结果………………………………………………… 115
二、生态环境风险指数估算结果及等级划分………………………… 116
第三节　长江经济带生态环境风险的空间差异性分析…………… 120
一、总体差异…………………………………………………………… 120
二、流域内差异………………………………………………………… 124
三、流域间差异………………………………………………………… 127
四、差异来源及其贡献率……………………………………………… 129
第四节　长江经济带生态环境风险时空演化特征………………… 130
一、分布特征…………………………………………………………… 131
二、演化形态…………………………………………………………… 132
三、延展趋势…………………………………………………………… 132
第五节　长江经济带生态环境风险的空间关联性………………… 133

一、全局自相关检验…………………………………………………… 134
二、局部自相关检验…………………………………………………… 135
第六节　本章小结………………………………………………………… 139

第五章　长江经济带城镇化对生态环境风险的影响效应分析……… 143
第一节　模型构建………………………………………………………… 145
一、实证模型…………………………………………………………… 145
二、指标构建…………………………………………………………… 149
三、数据来源与处理…………………………………………………… 153
第二节　空间杜宾模型实证检验……………………………………… 155
一、相关显著性检验…………………………………………………… 155
二、空间杜宾模型结果分析…………………………………………… 157
第三节　空间效应估算与分解………………………………………… 164
一、直接效应…………………………………………………………… 164
二、溢出效应…………………………………………………………… 168
三、总效应……………………………………………………………… 170
第四节　本章小结………………………………………………………… 171

第六章　长江经济带城镇化与生态环境风险协同治理路径选择…… 174
第一节　构建以清洁能源为支撑的能源协同发展格局……………… 174
第二节　建立多元化的财政金融协同机制…………………………… 176
第三节　以减污降碳为抓手协同推动双碳目标实现………………… 177
第四节　推动区域城镇化协同发展…………………………………… 178
第五节　以绿色发展为引领共筑产业协同机制……………………… 180

第七章 结论与展望……………………………………………………… 182
第一节 研究结论……………………………………………………… 182
第二节 不足与展望…………………………………………………… 182

参考文献……………………………………………………………………… 184

后记……………………………………………………………………………… 220

第一章　绪　　论

第一节　选题背景与研究意义

一、选题背景

城镇化是我国最大的内需潜力和发展动能，也是“十四五”时期推动长江经济构建区域协调发展新格局、促进共同富裕和高质量发展的重要战略支撑（王宾和于法稳，2019）。习近平总书记在全面推动长江经济带发展座谈会指出，要推动以人为本的城镇化，正确处理好生态优先绿色发展辩证关系，打造区域协调新样板。毫无疑问，在生态优先绿色发展硬性指标约束下，如何处理好城镇化发展与资源环境、经济发展之间的矛盾，以及解决好由城镇快速发展对以土地、矿产、能源等要素为代表的生态环境造成的破坏，不仅是贯彻落实党的二十大报告中防范化解重大风险、坚持总体国家安全观和“双碳”重大战略的现实要求，也是推动长江经济带高质量发展亟须解决的重要理论难题。

根据美国城市学者 R. M. 诺瑟姆（R. M. Northam）提出的“诺瑟姆

曲线理论"，城镇化率低于30%，属于城镇化初级阶段；城镇化率处于30%~70%，属于城镇化加速阶段；城镇化率超过70%，属于城镇化成熟阶段。据统计，至2020年末，长江经济带沿岸11省市①平均城镇化已达到64.07%，正处于加速阶段，并逐渐向成熟阶段过渡。城镇化加速发展不可避免地对生态环境产生严重影响，尤其是对长江经济带沿线地区来说，不仅有长三角城市群、中游城市群和成渝城市群，还有上海、武汉、成都和重庆等区域性中心城市，密集分布着110个地级市、1063个县级行政区，总面积达205.23万平方公里，人口约6.02亿，是我国流域经济中城镇最密集、人口众多的巨型综合体。人口大规模积聚和城市空间的加速拓展，造成长江经济带生态环境问题十分突出。尤其是个别地方管理者片面追求经济增长、局部利益和狭隘政绩观，以牺牲长江生态环境为代价换取城市发展，造成资源耗竭、生态退化和环境污染问题严重，使得流域经济发展能力与生态环境保护二者间不平衡、不充分问题显著，成为制约长江经济带高质量发展的瓶颈(方创琳等，2015)。突出问题表现在：一是从人口城镇化角度来看，受城乡发展水平差异影响，劳动力等生产要素大量向城镇集聚、转移，使得城镇地区尾气排放超标、水资源污染物肆意乱排和矿产资源粗放利用等问题加剧，造成长江经济带城镇环境容量"载荷"加重、负载力下降，城镇生态系统对经济社会发展的服务调节作用在逐渐减弱，生态环境潜在风险不断增加(周锐，2013；马贤磊等，2018)。二是从土地城镇化角度来看，城镇"边界"无休止扩张和增加，出现"人口城镇化落后于土地城镇化"现象，这种"摊大饼"式的城镇空间扩展不仅占用大量宝贵的土地资源，挤占农村生产生活空间，而且造成土壤污染加重，耕地土壤环境质

---

① 长江经济带11省市包括：上海市、江苏省、浙江省、安徽省、江西省、湖北省、湖南省、重庆市、四川省、贵州省和云南省。

量堪忧，破坏城乡人居环境，使得长江沿线地区原本人多地少的矛盾日益加剧(傅伯杰，2017)。

习近平总书记高度重视长江生态环境问题，先后3次视察长江、考察长江。他强调，要把修复长江生态环境摆在压倒性位置，共抓大保护、不搞大开发。抓长江大保护不是不要发展，生态环境保护与经济社会发展绝不是对立的(李世祥等，2020；Guo et al.，2021)。作为特殊流域经济形态和具有典型梯度特点的地理空间单元，长江经济带城镇化建设，是统筹推进国土空间均衡发展、实现上中下游生态保护和环境建设的主体平台。因此，长江经济带城镇化与生态环境之间并不是压力与约束的关系，而是相互支撑、相互影响的关系。不可否认，城镇化快速推进必然会对长江生态环境产生负向影响，且这种负向影响往往以风险的方式“逆向”呈现。相反，长江经济带生态环境结构、功能和状态的改善，也会促使沿线地区调整城镇化发展思路，通过增加污染治理投入、工业转型、技术创新等手段，治理长江生态环境面临的风险挑战(马艳，2020)。因此，在习近平总书记“共抓大保护、不搞大开发”重要指示精神指引下，如何立足已有文献资料，厘清城镇化对长江生态环境风险的影响机理和作用方式，进而运用数理统计模型方法，测度城镇化进程中长江经济带生态环境风险指数及其时空演化特征，识别长江经济带城镇化对生态环境风险的影响效应和进行分解，并以此为基础，结合长江经济带城镇化发展与生态环境风险治理的现实需求，有针对性地提出促进长江经济带城镇化与生态环境风险协同治理的路径，是当前长江经济带高质量发展亟须解决的重大理论和现实问题。

二、研究目的

本书围绕“长江经济带城镇化对生态环境风险的影响研究”展开相

关研究，主要研究目的如下：

(1)以习近平生态文明思想为指引，围绕防范化解重大风险、坚持总体国家安全观和“双碳”等重大国家战略需求，综合运用资源环境经济学、公共政策和空间经济学等理论知识，梳理城镇化发展对长江经济带生态环境风险影响相关研究，准确理解既有研究的发展现状和知识缺口，进而围绕研究主题构建整体分析框架，能够为长江经济带城镇化与生态环境风险相关研究提供理论支撑。

(2)构建长江经济带生态环境风险指数评价指标体系并进行量化测度，分析长江经济带生态环境风险的区域差异、时空演化和空间集聚特征，实证检验长江经济带城镇化对生态环境风险的空间影响效应，为评判城镇化发展对长江经济带生态环境风险的影响效应提供实证支撑。

(3)在理论研究和实证分析基础上，从协同治理视角提出长江经济带城镇化与生态环境风险共同发展的优化路径，为长江经济带城镇化与生态环境风险协同治理相关政策制定提供决策参考。

三、研究意义

分析长江经济带城镇化对生态环境风险的作用机理和影响效应，不仅是阐释习近平生态文明思想的具体行动，更是防范化解长江经济带出现重大生态环境风险，以实际行动落实总体国家安全观和支撑碳达峰碳中和等重大国家战略的生动实践，因而具有重大的理论意义和现实意义，具体如下：

(一)理论意义

改革开放以来，我国城镇化发展迎来前所未有的“战略机遇期”和“黄金发展期”，特别是受政策性红利以及交通、医疗、教育等多重因素叠加影响，约5亿农村人口进城落户、就业和安居，城镇常住人口总规模跃升至9.02亿人，城镇化提升至63.89%（国家统计局，2021）。无论是从城市规模还是人口数量来看，我国城镇化均已位居世界前列，与欧美等发达国家的差距在逐渐缩小。正如诺贝尔经济学奖获得者、美国著名经济学家约瑟夫·尤金·斯蒂格利茨（Joseph Eugene Stiglitz）所言，中国的城镇化与美国的高科技并称为影响21世纪的两件大事。然而，快速城镇化所带来的负面影响未受到充分重视。例如，大气颗粒物（PM2.5和PM10等）浓度超标、土地粗放利用等，不断积累的生态环境问题所诱发的生态环境风险未受到充分重视。因此，处理好城镇化发展过程中的大气、土地和自然资源问题，不断提升生态系统服务功能和价值，成为城镇化进程中防范化解生态环境风险的必然选择。通过梳理，现有文献往往侧重于从城镇化的某方面，对生态风险与环境风险进行研究，如城镇化与生态风险、城镇化与环境风险等。在研究手法方面，以往文献往往局限于静态截面时间点，缺乏运用空间计量模型和长时间序列面板数据开展相关分析，研究手段和方法也较为单一，缺乏从空间视角分析城镇化对生态环境风险的影响机理。因此，本研究在综合资源环境经济学、空间经济学和公共政策等多学科理论知识基础上，首先，构建城镇化中的长江经济带生态环境风险分析框架和影响机理；其次，构建长江经济带生态环境风险指数评价指标体系，分析长江经济带生态环境风险的区域差异、时空演化和空间集聚特征，并从空间角度实证检验长江经济带城镇化对生态环境风险的影响效应；最后，结合理论研究和实证分析，有针对性地提出相关对策建议。本研究主要从城镇化角度完善了长江经济带生态环境风险治理相关理论和方法，能够为开展流域经济带城镇化与生态环境风险协同治理方面的研究提供参考借鉴。

（二）现实意义

推动长江经济带发展是党中央作出的重大决策，是关系国家发展全局的重大战略。习近平总书记先后3次视察长江、考察长江，从“推动”到“深入推动”，再到“全面推动”长江经济带发展；2018—2022年的《政府工作报告》中，“长江经济带”累计被“点名”7次，足以证明长江经济带在我国经济社会发展中的重要地位。作为我国经济、人口、城镇最密集的重要发展轴线，长江经济带以占全国28.5%的土地，养育着全国42.9%的人口，贡献了全国46.41%的GDP（王俊龙和郭贯成，2021）。以城镇化为载体的“多点多极”增长模式是拉动长江经济带发展的重要动力，但伴随城镇化发展所产生的污染物排放、环境治理、生态退化等风险要素也在不断累积（李强，2022），包括生态环境风险要素识别、评价体系构建、区域差异与动态演化以及空间效应等，这些问题都是学术界和管理部门长期关心的重点问题，但已有文献对这些问题的研究还不够深入（唐健雄和曾芳，2021；郝吉明，2022；成金华，2022）。结合调查研究、实证分析和文献研究等方法，本书选取长江经济带作为研究对象，分析长江经济带城镇化及生态环境风险发展现状，并从水土气固废四方面识别影响长江经济带生态环境风险的影响要素，探寻城镇化过程中长江经济带生态环境风险治理存在的问题和原因，进而提出长江经济带城镇化与生态环境风险协同治理优化路径。该研究立足长江经济带实际所得结论，能够为全国其他同类型地区开展治理提供一定的现实经验，因而具有重要的现实意义。

第二节　国内外相关研究述评

一、生态风险和环境风险相关研究

通过对国内外相关文献的梳理发现，既有研究中关于“生态环境风险”的直接研究较少，学者们多从生态风险和环境风险两方面开展相关性分析。其中，生态风险是指对非人类的生物体、群落和生态系统造成的风险，而环境风险是指环境污染对人类生产生活造成的危害。

（一）生态风险评价

生态风险评价的起源，最早可以追溯至20世纪30年代，其产生目的在于最大限度上降低环境危害带来的风险（Beer，2006），以达到环境管理目标和环境管理观念转变目的，自提出后经历了萌芽阶段（20世纪30—80年代）、人体健康评价阶段（20世纪80—90年代）、生态风险评价阶段（20世纪90年代—21世纪初）和区域生态风险评价阶段（21世纪初至今）四个阶段（Gibbs，2011；Bartolo et al.，2012）。起初，学术界和理论界并没有具体的“生态风险”概念，西方工业化国家普遍接受的是“零风险环境管理”理念，但随着时间推移，“零风险环境管理”已不适应环境风险政策现实需求，亟待突破和创新。直到1992年，“生态风险”概念才被美国国家环保局（United States Environmental Protection Agency，缩写为USEPA）在 *Framework for Ecological Risk Assessment* 报告中正式提出，其产生之初主要应用于估计个体污染物影响生态系统或至少影响其某些方面的可能性，并按照风险、来源、受体的不同构建相关评价指标体系（Xu et al.，2004；Wang，2022）。此后，美国国家研究委员会（United States National Research Council，缩写为USNRC）在“人类健康风险评估”报告中，将生态风险评估分解为4个步骤，即提出问题（Problem Formulation），术语分析（Termed Analysis），风险特征（Risk Characterization），风险管控（Risk Management），这为生态风险评价体系建立奠定了理论基础（USEPA，1992）。之后，美国能源部（United States Department of Energy）下属的橡树岭国家实验室（Oak Ridge National Laboratory，缩写为ORNL）在对综合燃料风险评价时，提出了一种针对组织、种群和生态系统水平的生态风险评价方法，该方法的提出为进一步丰富和完善生态风险评价模型提供了坚实支撑（Barnthouse，1987；Suter，1993）。1998 年，USEPA 又制定出台了 *Guidelines for Ecological Risk Assessment*，对生态评估技术标准和相关规则作了相应改进和拓展，并针对一些特定领域的风险评估技术要点提出了具体分析框架和范式，例如，水资源生态风险评估、矿产资源生态风险评估和流域生态风险评估等（Sergeant，2000），但该框架体系忽视了管理者和所有者在生态风险评估中的地位和作用。世界卫生组织（World Health Organization，缩写为 WHO）和欧盟食品安全局（European Food Safety Authority，缩写为 EFSA）等组织根据 USEPA 在 1998 年提出的生态风险分析框架，又对生态风险评价方法作进一步拓展，提出了一种包含健康和生态的风险评价框架。该框架将人类、生物和自然资源等要素纳入风险评估过程，重点强调管理者和所有者地位在生态风险评估过程中的重要作用（WHO，2001；Suter，2003）。

进入 21 世纪以来，生态风险评价逐渐转入大尺度空间的区域生态风险评价新阶段（USEPA，1998；Li et al.，2008；Tang and Ma，2018）。相比单一生态风险评价，大尺度空间的区域生态风险评价所考虑的影响要素更多、评估针对性更强、研究边界更广，主要是受全球自然生态环境复杂多变以及人地耦合等因素共同影响（Shi et al.，2016）。例如，Bartolo 等（2012）利用相对风险模型（Relative Risk Model，缩写为 RRM），对澳大利亚北部热带河流域和戴利河流域共 110 万平方公里的地理空间开展了区域性生态风险评价。此后，学者们结合自身研究内容，将 RRM 评价法应用于不同尺度下的区域生态环境风险评价，特别是围绕我国青藏高原土地利用区域生态风险（Jin et al.，2019）、新西兰凯帕拉港（Kaipara Harbour）生态风险（Kanwar et al.，2014）、东京地表水有毒物质生态风险（Hayashi and Kashiwagi，2011）等研究对象，国外学者开展了丰富的研究。

国内关于生态风险的评价起步虽然较晚，但在相关评价理论、制度、方法和技术等方面取得了重要研究进展。不仅形成了定性定量相结合的生态风险预测、识别和判定理论框架，而且建立了包括数理统计、资源环境经济、地理信息技术（3S）和公共政策等学科的生态风险理论体系，并在土地生态风险、重金属沉积物生态风险和流域景观生态风险等领域得到实践应用（张思锋和刘晗梦，2010；刘斌等，2013；刘晨宇等，2020）。

可将国内生态风险相关研究归纳为以下三方面：

一是土地生态风险。土地是人类赖以生存的基本生产要素和物质基础。土地利用结构和功能变化，不仅会对土地生态系统健康和安全产生深刻影响，而且还会严重影响着区域生态安全格局（李玉平和蔡运龙，2007；刘勇等，2012）。长期以来，由于我国大规模工业化、城镇化和农业现代化建设，土地利用强度超标和区域差异显著，水土流失、土地沙漠化和盐碱化、土壤污染等现象严重，人地矛盾突出，土地资源生态系统面临严峻挑战。具体而言，从理论分析角度来看，国内学者往往运用多学科交叉和多源大数据相结合方法，对特定区域土地生态风险进行预测和判定，主要涉及理论学科有公共管理、资源环境经济学、生态学、地理学等，评价步骤分为：确定地理位置、受体—风险源—危害性评测、系统性评价、风险管控等（马艳和钟春兰，2018；韦宇婵和张丽琴，2020）；从研究方法角度来看，主要研究方法包括熵值法、暴露响应法、危害评价法、因子评价法、风险源识别法、多准则决策法、SSD模型和PERA模型等（曲福田等，2005）；从研究内容角度来看，主要包括对土地生态系统风险源的识别，破坏程度的预测，风险预警、阈值的判定，以及对土地生态系统可持续性的评估、模拟、调控和优化等（吴冠岑和牛星，2010）。

二是重金属沉积物生态风险。重金属沉积物是自然界中危害较大、存在周期较长和毒理性较强的污染物质（陈明，2015）。重金属沉积物的出现，是一个长期累积的过程，特别是与人类不合理的生产活动密不可分，是当前资源环境科学领域研究热点问题（贾英，2013）。如果对土壤、水体和其他中介物质中的重金属沉积物不加以控制，其必将通过自然生态系统，侵入人类食物链，最终危害人类生命健康。文献梳理发现，重金属沉积物生态风险评价，主要包括风险评价涉及主体、主要污染物元素、来源解析、评价标准和方法等。目前，对重金属沉积物评价主体的研究，主要集中在河流、湖泊、坝库和海岸带等区域，研究方法有污染负荷指数法、地累积指数法、沉积物富集系数法、潜在生态危害指数法、回归过量分析法和脸谱图法等，这些评价方法各具特色，侧重各有不同，适用边界和评价尺度也有所差别，在实践应用过程中仍存在一定的局限性。

例如，有学者以长江中游近岸沉积物为研究对象，通过对长江中游近岸重金属沉积物中的汞（Hg）、镉（Cd）、砷（As）、铜（Cu）、铅（Pb）、铬（Cr）和锌（Zn）进行测定，综合运用地累积指数法、潜在生态危害指数法等评价方法，从风险源解析和风险评价两方面，判定长江中游重金属沉积物综合风险等级为Ⅰ级，他们认为长江近岸重金属沉积物对流域生态环境没有毒性作用（郭杰等，2021）。该结论与翟婉盈（2017）等的研究相比，分析方法更为全面，同时还考虑到流域近岸重金属沉积物赋存形态和污染来源，这是以往研究中所欠缺的。湖泊重金属沉积物生态风险也是资源环境领域研究热点之一。湖泊底泥是重金属污染的储存地和聚集地，其存在形式复杂多样，具有显著毒性特征，极不容易清除和释放，容易危害湖泊生态系统安全。基于此，部分学者以高原湖泊重金属沉积物污染与风险评价作为研究重点，例如，张杰等(2019)通过对洱海(云贵高原第二大淡水湖泊)无机磷含量进行抽样，测试后提出了磷元素在沉积物—水界面循环及其对湖泊富营养化的作用机理，即通过“有机质(磷)→溶解磷→水生生物活体→有机质(磷)”的循环过程，导致湖泊水体磷元素含量过高，富营养化。该项研究所采用的设计方案与于孝坤等(2021)的研究相类似。

三是流域景观生态风险。流域不是一个简单的地理空间单元，而是一个集人类活动、生物多样性、水土保持以及自然资源于一体的地理功能区(莫贵芬等，2022)，是支撑人类生存的物质基础和综合地域系统。作为受人类活动影响最强烈区域，流域生态环境所面临的压力在不断增加。从生态风险角度来看，流域景观生态风险的出现，一方面能够从多层面、多级别和多尺度对流域景观生态风险进行综合评价(彭建等，2015)，度量人类生产活动对流域景观生态格局的影响程度，以防范和化解由此衍生的生态环境风险(高彬嫔等，2021)；另一方面还能够利用流域景观生态模拟和演化，分析长时间序列下的流域景观生态演变态势和特征，揭示其空间结构内部联系和地区差异(张学斌等，2014；王云和潘竟虎，2019)，以期为流域景观保护、生态系统服务能力提升和治理管控策略制定提供决策支持(赵越等，2019)。之后，随着人类生态保护意识日益增强，越来越多学者和政府管理部门开始关注流域景观生态风险。彭建等(2015)提出，景观生态风险是指由自然因素或人类活动干扰对生态环境与景观格局交互作用造成的负面影响，这些负面影响直接或间接威胁着生态系统安全，因此，如何规避、适应和管控这些风险挑战，逐渐受到国内学者们的关注和重视(高永年等，2010)。

20 世纪 90 年代以来，国内学者围绕流域景观生态风险开展了广泛且深入的探究，但在风险评价模型方法、指标体系构建和风险等级划分等方面未能形成一致看法（潘竟虎和任梓菡，2012；张学斌等，2014）。在发展演化方面，流域景观生态风险评价将地理学的空间异质性和生态学的表征结构特征有机结合，逐渐构建了“人类—自然—经济社会”复合生态风险评价框架，为开展景观镶嵌格局异质性和人类及自然因素干扰下的景观生态风险评价提供了新的思路，弥补了传统景观生态风险评价仅注重单一自然风险表征的局限性，为景观生态学发展提供了理论支撑（许妍等，2012）；在评价对象方面，流域景观生态风险评价对象与区域生态风险评价对象相类似，如流域（包括河流，湖泊等）、海岸带、工矿区和城市等。此外，也有学者从自然保护区（例如，神农架林区，三峡坝区等）角度开展多尺度景观生态评价研究（刘春艳等，2018；杨庚等，2021）。但随着人类活动对自然生态系统的影响不断加深，景观生态风险学者们开始更多地关注那些时空波动性强、抗干扰能力弱、环境异质性高的区域或个体，例如，森林、湿地、绿洲、喀斯特山区、地质公园、农牧交错区和水陆交接区等（奚世军等，2019；陈万旭等，2022）。这些地区景观破碎化程度高、稳定性差、恢复能力弱，受外界干扰和影响程度高，格局变化特征明显，理应受到更多研究和关注，这恰恰是现有文献研究亟待完善之处；在评价测度方面，可以分为风险源汇和景观格局评价两种评价方法。风险源汇评价方法以传统区域生态风险评价理论为依据，在识别风险源和受体基础上，通过引入景观格局影响因子，利用景观镶嵌格局的生态学方法，分析风险源在一定景观格局中的空间影响机理，并利用数理统计方法测度目标区域的景观生态风险。而基于景观格局的生态风险评价方法则直接从空间格局角度出发，将生态系统本身作为评价受体，对区域景观生态格局与最优格局的偏离程度进行测算，最终得出区域景观的生态风险效应（吴健生等，2013）。

(二)环境风险评价

环境风险评价是20世纪70年代以后兴起的多学科交叉研究领域，是环境管理决策的重要依据和科学基础(邢永健等，2016)。环境风险评价起始于国外发达工业化国家，以美国、加拿大等为代表，先后经历了萌芽阶段、高速发展阶段和丰富完善阶段，如表1.1所示。

表1.1　环境风险评价发展阶段

发展阶段	时间范围	发展概述
萌芽阶段	20世纪30—60年代	主要采用毒物鉴定方法对健康进行影响分析，以定性分析为主，定量分析不足，未形成统一的环境风险评价概念
高速发展阶段	20世纪70—80年代	1975年，美国原子能委员会(USNRC)制定 *The Reactor Safety Study*(WASH-1400)①，构建了概率风险框架 1983年，美国国家科学院(National Academy of Sciences，缩写为NAS)出版 *Risk Assessment in the Federal Government: Managing the Process*，提出风险评价“四步法” 1986—1988年，美国国家环保局(USEPA)相继发布《发育毒物的健康风险评价指南》《暴露风险评价指南》和《内吸毒物的健康评价指南》等一系列技术标准和规范，进一步明确环境风险评价在环境保护中的地位和作用
丰富完善阶段	20世纪90年代至今	1992年，USEPA出台《生态风险评价指南》，确定了环境风险评价概念、技术和准则，基本形成环境风险评价框架结构

萌芽阶段，20世纪30—60年代。这一时期并没有具体的“环境风险评价”概念，属萌芽初级阶段。最早研究出现在一份关于职业暴露的

---

① *The Reactor Safety Study*，中文名《核电站风险报告》，是当前主要发达国家安全评价重要依据。

流行病学和动物实验的剂量—反应报道，属于健康风险评价研究范畴，主要是运用毒物鉴定方法对健康进行影响评价。该阶段风险评价以定性分析为主，定量分析不足，对风险评价的概念、方法和分析框架也未形成统一共识。

高速发展阶段，20 世纪 70—80 年代。该阶段最具代表性的就是 USNRC 在 *The Reactor Safety Study*(WASH-1400)报告中提出的构建概率风险研究框架，包括理论基础和方法等。该报告将故障树分析法(Fault Tree Analysis，缩写为 FTA)应用于风险评价全过程，并将评价过程分解为熟悉评价系统、调查研究、编制故障树和故障树分析四个步骤。该方法在评价过程中充分体现了系统工程思维，计算结果更加科学准确，成为影响环境风险评价发展的依据，是环境风险评价发展史上的第一个里程碑。随后，NAS 在 *Risk Assessment in the Federal Government*：*Managing the Process*(中文名《联邦政府的风险评价：管理程序》)一文中，提出环境风险评价"四步法"概念，即危害鉴定、剂量—效应关系评价、暴露评价和风险表征(Suter，1993；NRC，1994)，这是环境风险评价研究方面的又一个里程碑，成为西方发达工业化国家环境风险评价指导性纲领，其中提到的原理、方法、技术规范及准则被普遍接受和广泛应用。80 年代，USEPA 相继出台了 *Guidelines for the Health Risk Assessment of Chemical Mixtures*(中文名《发育毒物的健康风险评价指南》)、*Guidelines for Exposure Assessment*(中文名《暴露风险评价指南》)、*Guidelines for Carcinogen Risk Assessment*(中文名《致癌风险评估指南》)等一系列技术标准和规范，基本形成了较为完备的环境风险评价分析框架和技术准则理论体系(USEPA，1986)。

丰富完善阶段，20 世纪 90 年代至今。此阶段国外环境风险评价进入丰富完善期，主要是对以往出台的技术规范和准则进行修订、完善。

例如，2000 年版的 *Guidelines for the Health Risk Assessment of Chemical Mixtures* 取代了 1986 年的版本；1992 年版的 *Guidelines for Exposure Assessment* 取代了 1986 和 1988 年的版本；2005 年版的 *Guidelines for Carcinogen Risk Assessment* 取代了 1986 年的版本等。随着研究技术、方法和学科知识体系不断完善，该阶段环境风险评价逐渐呈现出多学科交叉、多技术融合、多学科支撑的特征，也涌现出许多新的研究热点和方法，研究框架结构体系趋向成熟。

国外学者对环境风险评价研究时间较长，应用范围广泛，研究成果丰硕，为本研究顺利进行提供了重要参考借鉴。通过对科学搜索引擎 Elsevier Science Direct 和 Google Scholar 两大学术数据库以“Environmental Risk Assessment”为关键词检索发现，国外文献研究主要集中在与环境风险紧密相关的水环境风险评估（Li et al.，2018）、土壤重金属环境风险评估（Wang et al.，2022）、矿产开采环境风险评估（Moreno-Jiménez et al.，2011）、城市环境事故风险评估（Yang et al.，2022）和化学产品环境风险评估等方面（Ding et al.，2020；Martin et al.，2019）。例如，EI-Zeiny 等（2022）利用地理空间和统计分析法，对尼罗河三角洲北部区域土壤中的铅、镉和铁元素的暴露度、浓度、污染源和对人类及生态健康的危害度进行测试，得出镉元素对人类生态健康的危害程度要远远大于铅元素和铁元素（El-Zeiny and El-Hamid，2022）。Han 等（2022）将研究重点集中在特大自然灾害过后土壤中某个元素变化对人类生命健康的影响方面。他们以美国得克萨斯州休斯敦 10 个社区为研究区域，对 2017 年哈维飓风（Hurricane Harvey）过后 3—23 个月内土壤中的金属浓度进行测度，并以此为基础对成人和儿童的致癌率及非致癌率开展风险评估。随着城市化进程不断加快，越来越多学者开始关注城市化中的土地利用转型生态系统价值和风险评估问题。其中，有学者就提出一种基于环境风险评估的战略环境评估方法。该方法将生态系统服务价值纳入风险评估分析框架，用以评估未来城市土地规划利用转型中的生态系统价值和风险（Cortinovis and Geneletti，2019）。目前，战略环境评估法作为一种政策、计划和过程分析工具，已成功在全球60多个国家得到推广应用，旨在促使政策制定和计划制订过程更加公正和规范（Noble and Nwanekezie，2016）。

矿产资源是社会经济发展的重要物质基础。长期以来，矿产资源开采对生态环境破坏严重，由此引发的环境风险事件高发、频发（Acosta et al.，2011）。国外学者对矿区环境风险评估开展了大量研究，既有宏观尺度的系统研究，也有微观尺度的个案研究。研究内容主要围绕矿区重金属污染、生态保护修复和人类生命健康等。但在这些研究中，鲜有涉及对各矿山污染贡献率和影响差异等方面的研究，尤其是缺乏以典型矿产资源大国为案例的分析探讨（Wang et al.，2017；Shi et al.，2022）。一些学者研究表明，矿山开采已成为影响区域生态环境的主要原因，不仅会影响环境景观格局变化，破坏生物多样性栖息地，严重的还会造成土壤退化甚至沙漠化，即便是在矿区停止开发后，其所带来的风险危机也会在矿区周边环境长期存在。有学者通过对废弃盐矿长期跟踪发现，即便是在矿区开采活动已经停止几十年后，矿区土壤中的低PH酸碱度、高金属含量和低有机质含量问题也并没有发生根本改变，加之受长期风蚀和水蚀影响，矿区人类生活、植物生长和动物生存依旧面临较大危机。还有一部分学者在文献中提到“空间决策支持系统”概念，即基于空间视角，建立区域环境风险评估决策支持系统。该系统主要用于帮助地方管理部门对区域内的潜在污染物进行排查和评估，其特点是在没有区域特征和具体风险信息时，能够自动对区域内所有污染物产地进行排序，并根据风险等级自动确定调查先后顺序，识别区域环境事故的影响因素并因地制宜采取防控措施(Agostini et al., 2012; Yang et al., 2022)。空间决策支持系统的提出，最大限度考虑到影响区域环境事故因素的层次差异性，以及这些因素间的相互关联，为区域环境风险评估提供全新思路。

我国环境风险评价起始于20世纪80年代，发展于90年代，形成于21世纪之初，先后经历了三个发展阶段。相比而言，我国环境风险评价起步较晚，发展初期也主要以学习、吸收和借鉴西方环境风险评价原理、规则、制度和技术为主，未能建立符合自身实际需要的环境风险评价标准体系和技术规范。但随着我国科学技术发展和创新能力提升，特别是在国家有关部门大力支持下，以及在国内相关科研院所、大专院校等智囊机构共同努力下，目前我国已经建立较为完善的环境风险标准化制度体系(王俭等，2017)。

第一阶段，20世纪80—90年代，初始时期。

在改革开放“政策性红利”影响下，我国工业、农业和城市建设发展迅速。与此同时，伴随产业大规模发展的环境问题相继发生，出现诸如生产方式粗放，矿产资源利用效率较低，水资源污染、土壤污染和大气污染等严重现象，环境承载力难堪重负。在此背景下，原国家环境保护局(现生态环境部)于1989年3月成立了“有毒化学品办公室”，职责为负责全国有毒化学品风险评价工作，这标志着我国环境风险评价和管理工作被正式纳入议事日程。

1989年,《中华人民共和国环境保护法》出台实施，标志着我国环境保护制度正式建立。

20世纪90年代初期，环境风险评价在实践中正式实施，是以中国核工业集团有限公司(原中国核工业总公司)建立的“核电厂事故应急实时剂量评价系统”为开端。该系统被成功运用于我国第一个设计和建造的秦山核电厂，为保证核电厂安全运营提供了坚实保障。

第二阶段，20世纪90年代—21世纪初，快速发展时期。

在国家大力支持下，该时期我国环境风险评价进入快速发展阶段，关键时间节点及内容梳理如下：

1990年，原国家环境保护局出台的057号文件中明确提出，要求“对重大环境污染事故隐患进行环境风险评价”(孙丽，2018)；

1993年，中国环境科学学会举办“环境风险评估学术研讨会”，首次对我国如何开展环境风险评估进行探讨，呼吁制定全国性的环境风险评估管理办法(唐征等，2012)；

1993年，原国家环境保护局出台《环境影响评价技术导则 总则》(HJ/T2.1-1993)规定：有必要对厂矿企业、事业单位建设项目进行环境影响评价或者环境风险分析，并提出了包括风险识别、源项分析、后果计算等六个部分的“环境风险评价规范化流程”；

1997年，原国家环境保护局、原农村部(现农业农村部)和原化工部联合发布了《关于进一步加强对农药生产单位废水排放监督管理的通知》，通知中提出“新建、扩建、改建生产农药的建设项目必须针对生产过程中可能产生的水污染物，特别是原料、中间体及产品可能进入废水中的特征污染物进行环境影响评价”。

第三阶段，21世纪初期以来，完善规范期。

2001年，国家经济贸易委员会制定的《职业安全健康管理体系指导意见》和《职业安全健康管理体系审核规范》，要求用人单位建立危害辨识和风险评价程序。

2002年，《中华人民共和国环境影响评价法》正式颁布，要求对规划和建设项目实施后可能导致的环境影响进行分析、预测和评估，提出预防或者减轻不良环境影响的对策建议。

2004 年，原国家环境保护局颁布《建设项目环境风险评价技术导则》(HJ/T 169-2004)，是我国首个建设项目环境风险评价技术规范。

2011 年，原国家环境保护局对 1993 年版的《环境影响评价技术导则 总则》(HJ/T2. 1-1993)进行第一次修订，修订后的技术导则于 2012 年 1 月正式实施。

2016 年，生态环境部对 2011 年版的《环境影响评价技术导则(总则)》(HJ 2. 1-2011)再次修订，重新发布文件更名为《环境影响评价技术导则(总纲)》(HJ2. 1-2016)，成为我国环境保护行业标准的重要组成部分。

2016 年，原国家环境保护局印发《"十三五"环境影响评价改革实施方案》，强调以"三线一单"为抓手，全面提升环境评价的有效性和针对性。

2018 年，生态环境部编制了《行政区域突发环境事件风险评估推荐方法》，对地市级和县级行政区突发环境风险评估范围、边界和程序等内容予以明确规定。

2020 年，生态环境部发布《生态环境健康风险评估技术指南 总纲》(HJ 1111-2020)，首次提出将公众健康理念融入环境风险评价全过程，并对环境健康风险评估的一般原则、程序、内容、方法和技术标准等内容进行解释。

通过中国知网等数据库检索发现，国内学者对环境风险评价的研究成果较多，涉及资源环境科学与资源利用、有机化工、安全科学与减灾防灾、工业经济等学科，研究主题包括水环境健康风险、重金属污染风险、化工污染风险等。

一是水环境健康评价。水环境健康风险评价是检验江河湖海以及湖泊等水源地水质安全的重要途径(张松，2018)。水利部公布数据显示，全国46个重点城市中，有近一半城市供应水质较差；全国有河流流经的城市近九成已遭受不同程度污染，约3亿人面临饮用水安全威胁。不断爆发的水污染事件以及食用不良饮用水导致的癌症或者慢性中毒，使社会大众对不可或缺的资源感到担忧。在此背景下，水环境健康评价应运而生。水环境健康评价是研究水体污染物与人类生命健康之间的联系，便于人类能够及时掌握水源地水质和污染物种类，为开展水源地治理提供决策支持。梳理发现，国内对水环境健康风险评价相关研究已经从单纯水环境污染定性分析向水环境污染与生命健康联系定量评价方向转变。例如，有学者对城市饮用水水源地环境健康状况进行调查发现，水环境健康风险不仅与水体中的污染物紧密关联，而且与家庭水资源暴露程度密切相关，家庭中水网布局、水资源在管网中停留时间、家庭生活方式和消费方式等，都可能引发水环境健康风险（高继军等，2004）。此外，范清华等（2012）、朱惇等（2021）以单个流域为研究对象，分别对经济社会发展过程中的流域环境健康进行了不同维度分析评价。

二是重金属污染风险。重金属污染是指由重金属或其化合物造成的环境污染。根据《全国土壤污染状况调查公报》（2014），我国土壤超标率达16.1%，其中南方土壤污染情况要比北方严重，长三角、珠三角和东北老工业基地土壤污染情况尤为突出，西南、中南地区土壤重金属超标范围较大，已严重威胁到人民群众生命安全和健康，处理稍有不慎极有可能酿成群体性公共事件和危机。近年来，国内学者对重金属污染领域研究十分关注。围绕“重金属污染评价”研究分化出许多细分领域。例如，在土壤重金属污染方面，学者们对土壤重金属的来源、分布、差异和污染程度进行了分析。梳理发现，土壤中重金属含量不仅能够对城市结构布局和功能提升产生影响，还会通过直接或间接接触的传播方式对人类生命健康造成不利影响。其中，成年人受影响程度要小于儿童，影响范围包括儿童身体中血铅含量、智商和行为等，因此建议儿童降低长时间暴露在土壤重金属环境的次数和概率。此外，也有研究基于我国不同类型土地中重金属含量调查后发现，在综合考虑工业化、农业生产活动、生活垃圾排放和环保意识等因素基础上，整体上我国耕地和城乡建设用地土壤中的重金属含量明显大于其他类型土壤含量，因此要根据土壤重金属污染程度差异性，分类实施污染整治措施。党的十八大以来，随着乡村振兴战略以及生态文明建设深入实施，对农村土壤潜在环境风险问题的研究受到学者们重视。有学者以华北平原、长江中下游平原和东北平原为调查对象，综合考虑种植方式、土壤类型和周边企业密集情况等多种因素，对土壤中 Pb、Cd、Cr、As、Hg 5 种重金属元素含量、分布和来源进行分析，并以此为基础估算调查区域内的重金属污染程度和环境风险指数。此外，也有学者对农村土壤重金属环境风险进行评估，但侧重点各有不同。例如，任超等(2021)采用地积累指数法和富集系数法，对东北黑土区土壤重金属污染风险进行了分析，而王兴富等(2021)对工业和农业污染稻田区土壤重金属环境风险进行了探讨，李娜等(2021)则对我国土壤重金属污染修复技术研究进行了回顾。除此之外，典型矿区土壤重金属修复和分区分类评价也是学者们研究的重点内容。

三是化工污染风险。目前，化工污染风险主要分为化工园区污染和化工行业污染风险两种。化工园区产生污染风险，主要是在生产储存、交通运输、公用工程等环节，这些环节包含了大量的易燃易爆或有毒有害物质，任何一个环节出现故障或产生泄露，都会导致有害物质暴露于空气中，受到静电、明火和雷电等外界因素干扰，极易引发爆炸，从而对工业园区环境产生危害。化工园区排放的废气、废水也是环境污染主要来源。化工园区生产过程中排放的硫氧化物、碳氧化物等有毒气体，不仅体量大、污染程度高、有毒物质含量多，而且对自然生态系统、大气等造成极强破坏，甚至通过空气流通侵入人体，影响人体健康。因此，地方政府管理者在发展经济的同时，应尤其注重保护自然生态环境，不能以牺牲环境为代价换取经济发展（王雨辰和陈富国，2017；周宏春和江晓军，2019）。

化工行业发展犹如一把双刃剑，其在推动经济增长的同时也会产生一系列环境问题。化工污染不仅仅是简单的土地污染、大气污染和水污染，化工产业生产过程中所需的原材料，以及排放的废水、废气、废渣等工业污染物，具有高危险性、强破坏性和高污染性，在处理过程中极易引发爆炸、火灾等安全事故。近年来，化工行业安全事故频发。例如，2015 年山东淄博“8·22”化工厂爆炸事件，2019 年江苏省盐城“3·21”响水化工企业爆炸事件等，为我们敲响了化工企业“安全生产”警钟。对于化工行业环境风险评价，目前学术界讨论得比较多的是化工企业风险事故特征（包括风险来源、影响、不确定性风险等）、风险评价体系构建（包括要素选取、风险识别、源项分析、预警预测等）和风险应急响应（包括风险等级划定、事故应急响应等）。需要特别指出的是，目前我们对化工行业的环境风险认识得还很不清楚，包括有害物质的迁移、转化、降解和累积等，仍有很大的研究空间。此外，我国关于化工建设项目环境评价理论和方法体系还不够完善，尤其是在高风险类化工项目环境风险等级划分、预警和响应等方面。

二、城镇化相关研究

城镇是各种资源要素和经济活动“集聚地”和区域经济发展格局的重心，其核心作用是实现各种生产要素汇集和优化配置。概言之，城镇化发展的过程，表现为经济规模扩张、土地利用规模扩大、人口数量扩充和社会结构扩展。基于此，本小节将从经济空间、土地空间、人口空间和社会空间四方面，对城镇化相关研究进行综述。

(一)城镇经济空间扩张

城镇经济空间扩张是城镇化发展在经济发展方面的一种延伸，不仅是推动区域经济发展的动力来源，同时也是衡量一个国家、地区在世界经济体系中的位序的关键指标。因此，如何深刻理解和把握城镇化背景下的城镇经济扩张特征、规律和未来发展趋势，对优化城镇化发展空间格局，提升城镇经济运行效率，实现经济高质量发展具有至关重要作用。将城市看作一个整体，研究其经济空间扩张及其发展增长问题，一直以来都是国内外学者研究的热点问题。梳理发现，现有文献中关于城镇经济空间扩张问题的研究，主要集中在格局演变、经济增长能力、区域差异和非均衡性等，研究层级包括国际、全国、城市群和县域等，研究方法有变异系数、泰尔指数、基尼系数、核密度估计、马尔科夫链、收敛模型等。需要强调的是，随着数理统计理论知识体系不断完善和技术创新，利用时间序列和面板数据方法分析城镇经济空间扩张的影响因素，越来越受到学者们的重视，主要方法有 ESDA 空间分析法、空间误差模型、空间滞后模型和空间杜宾模型等。

城镇经济扩张格局演变是经济发展状态的本质反映。受资源禀赋、城市交通和宏观政策等因素影响，城市经济扩张和经济发展呈现不同特征，因而其格局演化也体现出差异性，但现有研究成果多集中在对城市绿色发展绩效、城市中心度、时空差异、经济空间关联强度等方面。举例说明，Cui 等(2021)从复杂资源环境经济视角，对长江经济带 110 个城市绿色发展绩效进行评价，研究发现长江经济带城市绿色发展绩效呈现东高西低特征，且东部发达地区绩效水平明显高于中西部欠发达地区。Marx 等(2017)利用时间序列 DMSP/OLS 夜间灯光数据，对区域中心城市经济发展水平进行估算，绘制经济扩张格局时空演变活动图，揭示影响城镇经济扩张的要素和复杂演进过程。此外，还有学者从时空差异角度分析城镇经济扩张格局演变过程，并利用 ArcGIS 空间统计技术和空间计量分析模型方法，从地市级层面对改革开放以来我国沿海地区和内陆地区经济格局演变的时空差异变动、差异水平和差异内容进行实证检验，发现我国沿海地区经济空间过度集中而内陆地区发展相对滞后的局面，提出通过加强沿海和内陆要素联系，实现区域协同发展。Ertur 等(2006)、Shi 等(2020)则从县域层面出发，对经济空间格局演变中的能源消费差异、经济发展规模差异等问题进行了研究，提出通过产业结构转型升级、人才培养和引进、科技创新和运用等方式，进一步壮大县域经济，以缩小区域经济空间差异。

(二)城镇土地空间扩张

作为人类赖以生存的物质基础和现实条件，土地是支撑城镇化发展的必要载体(黄砺等，2012；Qiao et al.，2019)。但对城镇而言，中心城区土地与边缘土地在经济发展、资源环境、技术水平和服务功能等方面存在显著差异，即所谓“位势差”。由“位势差”而造成的城镇结构、功能和形态差异化发展，导致城镇不断向周边地区扩散和外溢。这种扩散和外溢的直接结果就是土地空间扩张(盛业旭等，2014；Tian et al.，2017)。因此，加强对城镇化过程中的土地空间扩张研究显得尤为重要。现有文献对城镇土地空间扩张问题的研究可归纳为理论发展、特征模式、影响驱动和效益评价四方面。

一是在理论发展方面，国外土地空间扩张相关理论兴起于 19 世纪末期，发展于 20 世纪 80 年代，20 世纪 90 年代后逐渐趋于完善。截至目前，土地空间扩张理论已经形成完整的理论体系和分析框架，可划分为生态区位学派、经济区位学派、社会区位学派和政治区位学派。其中，生态区位学派是利用描述性的历史形态研究方法分析城镇土地利用形态和分异规律，代表性理论有同心圆理论、扇形理论、轴向增长理论和多核理论等，是学界普遍认同的城镇土地空间扩张基础理论。该学派的缺点在于，其对城镇土地空间扩张还停留在描述性分析阶段，缺乏运用定量方法分析城镇土地空间扩张增长态势；经济区位学派是采用空间统计方法和数理模型分析城镇土地空间扩张的区位决策和模式，代表性理论有空间经济理论、数量经济学等；社会区位学派强调利用城镇社会系统替代市场作为土地空间扩张决策场地，认为社会中的个人在城镇土地空间扩张过程中的行为并非完全理性的，代表性理论有决策分析理论和土地扩张互动理论；政治区位学派是将政治经济因素纳入城镇土地空间扩张决策过程，强调以城镇土地空间扩张的政治经济社会背景为切入点，深入挖掘城镇土地扩张的形成原因、动力来源和演化规律，其代表性理论有结构主义、区位冲突和城市管理学等（Dadi et al.，2016；Ayambire et al.，2019；Chen et al.，2021；Koroso et al.，2021）。

国内城镇土地空间扩张开始于20世纪80年代，20世纪90年代是形成发展期，进入21世纪以后研究逐渐完善。国内专家学者对城镇土地空间扩张从定性描述分析逐渐向定量分析方向转变，从单一学科体系逐渐向多学科交叉方向延伸，对扩张过程的研究和机理分析更加深入，基本方法和分析框架构建更加科学，特别是围绕城镇土地利用空间规划、土地经济和管理、土地利用效率等问题，形成了一批极具参考价值的研究成果（刘彦随等，2016；吴静和白中科，2020；黄贤金等，2021）。

二是在特征模式方面，国内外学者研究表明，城镇土地空间扩张特征和模式是土地利用表征类型和功能的直观反映，也是历史和现实因素共同作用的结果。已有文献对城镇土地空间扩张特征模式研究，主要利用地理信息技术和空间统计方法，识别城镇化进程中土地扩张的质量、差异和形态。例如，刘卫东等(2015)认为，我国京津冀城市群城市用地具有明显空间分异性和集聚性特征。Wu等(2015)对比分析了北京、天津和石家庄城镇扩张态势、景观格局和时空差异。童陆亿和胡守庚(2016)对我国216个主要城市建设用地扩征特征进行研究发现，整体来看我国城市扩张趋向紧凑，低约束模式催生的“低质量”城市发展问题严重。Czekajlo等(2021)利用Landsat卫星数据对加拿大1984—2016年城市土地利用的时空特征进行分析。而在扩张模式方面，基于经济增长、自然地理、交通路线、政策规划和生活需求等多重因素，有学者将我国城市土地空间扩张为同心圆模式、交通带状模式、跳跃团组模式和低密度连续蔓延模式四种类型，并利用主导因子法、非均衡法和几何形态法对城镇土地空间扩张模式进行分类评级。还有研究将我国城镇土地空间扩张为密集蔓延模式、连续与非连续扩张模式、阶梯扩张模式和地貌制约扩张模式，具体表现为外延式、填充式和外延填充并重三种类型。

三是在影响驱动方面，国内外学者主要从城镇建设用地扩张角度开展研究，文献资料较多。首先是经济发展是城镇建设用地扩张主要驱动力。谈明洪等(2003)研究表明，经济发展对城镇建设用地扩张影响程度最大，其中三产产值、财政支出、公路运营里程和房屋施工面积是城镇建设用地扩张主要影响因素。从某种程度上看，城镇建设用地扩张是经济发展必然结果，反映了经济社会发展现实需求。其次是交通发展加速城镇建设用地扩张。Okamoto等(2021)认为，铁路的开通和扩建促使城镇地价大幅上涨。Wu等(2022)实证研究发现，修建高速铁路对城镇建设用地扩张影响是显著的；与发达地区相比，欠发达地区城镇扩张空间潜力更大，受高铁影响也更显著。Gong等(2022)提出，公路、铁路和水陆交通的发展提高了城市土地开发强度，引发土地扩张和多中心化。最后是土地利用变化对城镇建设用地扩张的影响不容忽视。Oliveira 等(2011)对快速城镇建设背景下的土地利用景观格局变化与城市热岛效应进行了探讨。研究发现，城市热岛效应空间变化与城镇土地利用景观格局呈现一定关联特征，通过合理设计城镇景观格局，降低建筑物密度，有助于减少城市发展中的能源资源消耗和碳排放，从而缓解城市热岛效应。黄贤金等(2019)以我国长三角地区城市群为例，采用重心模型、总体耦合态势模型和空间耦合协调模型，分析了 1995—2013 年长三角地区城市土地利用与能源消耗二氧化碳的时空耦合特征，研究结论为：城市土地扩张与二氧化碳排放呈显著正相关，即城市建成区面积越大，二氧化碳排放量就越大。

四是在效益评价方面，国内外学者主要围绕城镇土地扩张效益理论和应用进行研究。首先，城镇土地扩张效益理论是在 Beckman and Alonso(1965)提出的地租和城镇土地利用效益动态机理基础上逐渐形成的，随后 Hurley 等(2004)、Zhou 等(2019)等国外学者又对城镇土地扩张效益理论进行不同程度拓展和延伸，主要从经济效益、社会效益、环境效益、生态效益四方面对其理论进行深化。国内学者对城镇土地扩张效益理论进行研究的学者有毕宝德、宋戈、刘卫东、左乃先和张明斗等。在理论方面创新之处体现在：将单一维度城镇土地扩张效益评价体系拓展至综合维度效益评价，构建起包括精明发展理论、土地配置理论，以及层次分析法、均方差决策法、城镇化耦合协调模型和投入—产出模型等内容的效益评价理论体系(田俊峰等，2019)。其次，城镇土地扩张效益估算研究受到学者们关注。例如，陈丹玲等(2016)利用 DEA 研究方法，对武汉城市圈各城区土地扩张效益的时空演变和区域差异特征进行了实证分析。Phuc 等(2014)基于城市群视角，结合耦合协调度模型对城镇土地利用扩张中的经济、社会和生态效益耦合协调性进行了测算。Xie 等(2021)结合外部性理论，采用修正后的 AMM 模型对扬州市理论地价进行同径、圈层和邻域比较研究，建立了一套快速识别土地经济效益合理性的实用方法。还有学者从城乡土地利用转化视角，对城镇土地扩张效益增值和分配问题进行了实证分析和案例研究。

(三)城镇人口空间扩张

人口是城镇化发展关键要素，城镇人口数量、规模和结构变化对城镇化发展至关重要。作为世界上人口最多的发展中国家，我国正在经历着史无前例的城乡人口流动和人口城镇化，带动资金、信息、技术等要素跨区流动和再配置，对推动城镇治理体系和治理能力现代化以及高质量发展具有重要现实意义。通过梳理发现，现有文献中城镇人口空间扩张主要体现在城乡人口流动及影响因素、城镇人口分布空间演变及差异、农民市民化及影响因素、城镇人口扩张的资源环境效益四个方面。

一是城乡人口流动及影响因素。城乡人口流动是发展中国家经济社会发展必然现象，尤其是在快速城镇化阶段，人口由农村低生产效率区流向城镇高生产效率区，一方面能够满足城镇经济发展中的劳动力需求，缓解城镇劳动力短缺问题；另一方面又有助于打破城乡二元治理格局，促进要素资源双向流动和均衡配置，缩小城乡发展差距。对城乡人口流动研究，始于英国发展经济学家 Lewis 于 1954 年发表的 Economic Development with Unlimited Supplies of Labour。在该文献中，Lewis 认为大量廉价劳动力资源由农村源源不断流向城镇，从而使城镇以较少劳动力成本支出获取较快发展机会。1961 年，John C. H. Fei 和 Gustav Ranis 从农村—城镇单一要素流动角度对 Lewis 的理论和方法进行改进，提出了著名的 Ranis-Fei Model(费景汉-拉尼斯模型)。我国学者对城乡人口流动问题也十分关注，有著名人口学家马寅初、邬沧萍和孙敬之等。有国内学者将新中国成立以来大规模城乡人口流动划分为三个阶段：

第一阶段，20世纪40—50年代，主要特征是国家政权初建，城镇亟待恢复和重建，大量农村人口涌入城镇；

第二阶段，20世纪60—70年代，主要受自然灾害以及国际复杂局势影响，农村劳动力短缺、农产品供给不足，城镇劳动力逆向流出、进入农村；

第三阶段，20世纪80年代至今，主要受改革开放政策影响，允许下乡知识青年返城和农村劳动力进城，许多从土地中解放出来的劳动力走向城镇，进入工厂、企业和政府机构。

我国城乡人口流动的影响因素包括主观因素和客观因素。主观因素包括：年龄、教育水平、性别、职业、婚姻、收入、家庭背景、流动意愿、人际关系、居住条件等；客观因素包括自然状况、社会环境、经济发展、政策制度等（李强，2003）。有学者认为，通过提升城镇地区教育服务能力，可以让更多进城务工子女享受城镇家庭子女同等教育资源，有利于提高农村进城流动人口定居意愿度和定居动力。还有学者研究发现，家庭结构越完整，外来流动人口定居城镇意愿度越高。部分学者通过实证检验发现，收入水平、婚姻幸福程度、社会交往和居住条件越完善，人口流动意愿度越低。

二是城镇人口分布空间演变及差异。1984年，我国著名地理学家胡焕庸在《中国人口地理》一书中指出，人口分布是指人口发展过程在空间上的表现形式，而人口分布空间演变则是人口发展在时间和空间上的分布状态，呈现出发展格局和人地关系非均衡表征。作为城镇化发展基本要素和核心竞争力，城镇人口结构和布局变化关乎城市长久发展（马颖忆等，2012；范怀超和白俊，2017），同时也是人口地理学研究热点和重点问题。截至目前，国内外学者对城镇人口分布演变问题进行了大量研究。研究发现，国外文献对城镇人口分布格局演变和空间差异研究主要是基于人口普查数据、抽样调查数据、夜光遥感数据和谷歌地图迁徙大数据，研究视角包括可持续发展、区域协调和社会网络等，研究方法为核密度估计、空间自相关、基尼系数、重心迁移、人口结构指数等，研究区域有国家、省、县和城市群等。在研究过程中，一部分学者侧重对城镇人口分布空间演化理论和方法进行探讨，如法国近代地理学家维达尔·白兰士(Vidal de la Blache)首提“人口密集区”概念，澳大利亚统计学家帕特里克·阿尔弗雷德·皮尔斯·莫兰(Patrick Alfred Pierce Moran)创新性地提出“莫兰指数”测算方法，Cliff 和 Ord(1973)首次将空间统计方法运用于区域人口格局演变研究。还有学者重点关注人口分布空间演变和差异评价方法应用方面的研究，包括对城镇人口迁移、分布和差异影响因素的识别等。例如，Liu 等(2018)对“一带一路”沿线 75 个国家人口时空变化特点及未来发展趋势进行研究，并进一步揭示 1950—2050 年沿线国家人口变化的时空变化和差异。

国内学者对城镇化中的人口分布空间演变和差异问题开展了大量研究。他们认为，作为世界上最大的发展中国家，我国正在经历大规模城镇化和工业化过程，人口空间格局调整和重塑已成必然趋势。基于此，如何利用定性定量相结合分析方法，科学揭示我国城镇人口集疏格局、影响因素和区域差异，对制定完善区域空间协同战略、实现经济高质量发展具有重要指导意义。主要研究方向包括城乡人口流动特征、影响因素和迁移动力、区域差异、政策机制等。例如，有学者利用多源大数据，结合 GIS 技术从宏观、中观和微观尺度对我国人口空间分布进行情景模拟，相关结论能够为城市规划、土地利用等政策制定提供决策支持。还有学者通过实证研究发现，我国人口城镇化格局呈现“东高西低”差异特征，其中第二产业和第三产业发展水平以及人均国内生产总值是影响人口城镇化空间差异的主要原因。

三是农民市民化及其影响因素。农民是城镇化最大实施主体，农民市民化进程关系到城镇化质量和效益。农民市民化过程并不是简单的“农转非”，更深刻含义是农民身份地位、文化学习、意识形态、女子教育、生产生活、行为方式、社会融入和民主权利等的转化及认同。相比而言，国外学者对农民市民化问题研究由来已久，尤其在理论方面，提出了成本—收益理论，迁移法则等理论（Lee，1966）。同时，由于欧美地区发达资本主义国家“工业革命”和圈地运动兴起，城镇地区生产力水平不断提高，广大农村地区手工业劳动者为了获取更多生产、生活资料和工作岗位，纷纷脱离农村进入城镇，农民市民化进程由此开启，形成了诸如英国强制迁移模式、美国自由迁移模式和日本跳跃式迁移模式等。由于我国实行的是城乡二元经济体系，农民市民化过程并不能完全照搬国外模式，这也决定了我国农民市民化进程不可能一帆风顺，必定面临一系列风险挑战。

农民市民化问题也是国内学者研究重要内容。第一，由于历史条件和发展道路不同，国外城镇化和工业化过程中的农民市民化，往往通过剥夺农民土地、将农村人口驱逐至城市边缘的暴力方式实现，农民在这一过程中是被动状态。而我国农民市民化则是农民自身和市场共同作用结果，是一种主动行为。第二，农民市民化不能简单理解为身份转变、地域转变和职业转变，其应被赋予更多价值内涵，目的在于让进城农民也能够享受现代文明生活。第三，农民市民化既是一个经济问题又是一个社会问题，应让所有进城农民获得更多身份认同，享受与城镇居民同等待遇，避免差别化待遇，尤其是要注重保障进城农民个人权益及子女教育，以增强农民市民化意愿。

可将影响农民市民化因素归结为：经济因素、家庭因素、社会因素和心理因素。经济因素主要有收入水平、工作需求、住房和交通等，家庭因素主要有子女教育、赡养父母、家庭婚姻和行为偏好等，社会因素主要有卫生条件、居住环境、社会治安和生活条件等，心理因素主要有心理状态、个人性格和情感、人生态度和动机等。

四是城镇人口扩张的资源环境效益。人口与资源环境存在相互依赖关系，它们是一个相互作用的整体。随着经济发展和社会进步，大量劳动力资源流入城镇，从事生产经营活动。人口流入带动经济发展，但同时也会引发城镇环境污染和生态破坏。当城镇资源环境承载力难以满足人类经济活动需求的时候，就会出现人地关系日益紧张、矛盾更加突出等问题，危及整个国家或地区可持续发展。

提升城镇资源环境效益，关键取决于人口的综合利用。对城镇人口综合利用概念，不能简单而论，需要综合考虑人口规模、质量和结构等多种因素(周宏春，2002)。第一，有学者认为，当城镇人口规模达到或低于环境容量时，人口增长有利于城镇可持续发展。但是，当城镇人口规模超过环境容量时，人口增长就会给城镇化发展带来压力，可持续发展受到阻碍(蔡绍洪等，2022)。第二，有学者提出，提高人口素质有利于激发城镇居民的资源节约意识、环境保护意识和社会责任意识，减少能源资源消耗浪费，以保护城镇生态环境。第三，还有一部分学者研究发现，在有限资源环境容量条件下，对城镇人口结构和资源环境进行全面考量和规划，应根据人口分布和流动特征，合理配置城镇各项要素资源，构建要素资源合理流通秩序，以实现城镇不同区域均衡发展和提升治理效能(曾雪婷和薛勇，2022)。

(四)城镇社会空间扩张

社会空间是城镇更新和治理领域的重要议题，同时也是党的十九大报告中关于维护社会空间正义，不断增强人民群众获得感、幸福感和安全感的重要内容。

一是城镇社会空间结构。城镇社会空间结构，又称“城市空间结构”，是指城市社会分化在空间和物质上的表现，用以揭示城市社会组织和社会运行的时空过程及特征。长期以来，城镇社会空间结构研究受到城市地理学者广泛关注，成为城市地理学研究热点问题之一。城镇社会空间结构概念的提出，最早可追溯至1887年恩格斯所著的《论住宅问题》，恩格斯从城镇空间结构视角对资本主义国家住房贫富问题予以抨击，由此开启城镇社会空间结构理论研究先河。进入20世纪上半叶，芝加哥学派的罗伯特·埃兹拉·帕克(Robert Ezra Park)、欧内斯特·伯吉斯(Ernest Burgess)等合作的《城市》一文中，从生态学视角对城镇社会空间结构进行重新定义和重构。他们认为，城镇并非建筑物的简单结合和物质连接，城镇扩张过程充满集聚、离散和竞争，这一扩张过程就如同达尔文《生物进化论》描述的那样，是生物为了生存和资源争夺而产生的自然淘汰、环境适应和进化演变。20世纪中后期，随着第二次世界大战结束，西方资本主义国家先后经历复苏、繁荣、衰退三个阶段，地理学界对城镇社会发展进行更深层次研究和讨论，涌现出许多新的研究思潮和方法。例如，英国哲学地理学家R. J. 约翰斯顿(R. J. Johnston)在《哲学与人文地理学》一书中，将哲学思想融入城镇化发展，从人本主义、实证主义和文化回归等角度分析城镇社会空间结构，激发更多城镇地理学者从城镇物质空间转向城镇社会空间。在此期间，同时出现的研究学派还有行为学派、新韦伯主义学派、抽象主义学派和文化伦理学派。

国内城镇社会空间结构研究兴起于20世纪80年代初，完善于90年代中后期。相比国外，国内城镇社会空间结构在发展初期阶段主要以理论研究为主，构建了包括社会学、经济学、地理学和生态学等学科的理论体系，并在城镇社会分层、空间规划、住房保障、生态环境等方面得到广泛应用。随着经济不断发展，城镇社会空间结构在20世纪90年代中后期以后趋于完善，整体研究水平和研究能力得到提升，更加注重从宏观、中观和微观尺度对城镇转型过程中的社会矛盾及现象分析解释，例如，宏观尺度的城镇空间功能调整和布局、社会极化，中观尺度的人口流动、自然环境，微观尺度的住房制度、经济政策和社区家庭等。研究对象主要以大城市或城市圈为主，如广州、上海以及长三角城市群、京津冀城市群等(王兴中，2000)。

二是城镇社会空间分异。所谓空间分异，就是指地球表面不同地区之间相互分化和产生区位差异的一种外在特征。而城镇社会空间分异则是指城镇地区社会各种要素资源在空间分布上的不均衡现象(冯健等，2008)。西方学者对社会空间分异问题研究最初来源于城市居住隔离，这种隔离是社会空间分异在城市居住方面的“折射”或者“反映”，也是二战后西方国家城市发展和建设中普遍存在的社会现象，主要表现在经济地位、种族和家庭结构三方面(Wong and Shaw，2011)，具体不同体现在房屋建筑类型和结构、居住环境、生活配套设备，以及文化水平、教育程度、性别、年龄、职业和收入等方面(廖邦固等，2008；Wang et al.，2012)。城市居住隔离只是社会空间分异的一种，更深层次含义在于一定程度上反映出西方政治、经济和文化隔离、交叠和极化，从而导致社会空间呈现破碎化、细碎化和多样化等异质性特征(Wu and Li，2005；冯健和周一星，2008)。

我国学者立足改革开放后城镇化发展和转型实际，从地理学和社会学角度对城镇社会空间分异问题进行研究。例如，有学者基于空间演变和治理的现实考量，从宏观和微观层面对转型期间的大城市演变规律和发展机制进行分析，并在借鉴国际治理经验基础上，提出我国大城市社会治理对策建议(廖邦固等，2008)。还有一部分学者遵循“人群—活动空间—社会空间”的逻辑思路构建了我国城市社会空间分异分析框架(周宏春，2002)。需要特别指出的是，随着经济发展，社会组织空间结构不断扩张和重构，城镇居民出行需求和方式日趋多样化，仅从居住空间考虑城镇社会空间分异，往往只能反映居民社会生活一方面。因此，越来越多国内学者利用时空行为理论和方法，从活动空间和行为空间角度研究城镇社会空间分异规律。相比国外而言，国内对时空行为研究还很不充分，尤其在理论方法探讨完善、空间研究范式、场景应用等方面。

三是城镇社会空间演化和韧性。随着城镇社会空间研究成果逐渐丰富和深入，以及社会空间异质性马赛克特征不断加剧，西方社会行为学派学者开始关注城镇社会空间结构布局、特征和模式的演化问题(Schnell and Benjamini，2005)。西方学者对城镇社会空间演化问题研究，最开始是为了解决环境日益恶化所导致的城市结构失序和分异问题，研究跨越地理学、规划学和社会学等多个学科，研究内容从一开始的理想城镇探讨发展到城市内部功能布局以及空间优化，并在发展实践中形成了较为合理的理论模型，诸如带形城市论、增长极理论以及城市空间结构模型、劳瑞模型等。国内学者对城镇社会空间演化问题研究开始于1978年，主要研究内容集中在对城镇空间结构、特征和演进规律三方面，并在理论和实证分析方面做了大量研究。1995年胡俊在其出版的《中国城市：模式与演进》一书中，对我国城镇社会空间发展现状、结构布局和演变规律进行总结，并从可持续发展角度重新构建城镇化发展理论分析框架，为后续城市社会空间演进方面研究提供了理论依据。梳理发现，学者们对城市社会空间演进方面的研究既有形成机制方面的探讨，也有对时空变化和影响因素方面的分析，相关结论能够为有关部门制定政策决议提供决策支持。

近年来，随着国家对城市社会空间结构布局和功能完善重视程度不断提高，“韧性城市”理念受到广泛关注。建设“韧性城市”，提升城市应对各种自然灾害风险、社会事件冲击和影响的能力，减少发展过程的不确定性和脆弱性，重新定义城市社会空间功能和结构，已经成为各级城市管理部门亟须解决的现实问题。然而，梳理发现，现有文献中从韧性角度分析研究城镇社会空间的内容比较匮乏，亟须深入探究。因此，在今后研究中，相关学者和实务部门应加强对韧性城市视角下的社会空间发展功能布局和结构优化问题探讨。

三、城镇化对生态环境影响相关研究

随着经济快速发展，以及人才、资金、技术和物质等要素不断向城镇转移、集聚，城镇化已成为必然趋势。围绕城镇化对生态环境的影响这一问题，学术界开展了广泛而深入的研究，取得了较为丰富的研究成果，为本研究顺利进行奠定坚实理论基础（王飞等，2019；刘迪等，2020）。本节主要从城镇景观生态格局、城镇碳排放和生态环境三方面进行梳理，具体如下。

（一）城镇化与景观生态格局

景观生态学，最早是由德国著名地理学家特罗尔·卡尔（Troll Carl）在1939年提出的，旨在研究影响景观格局变化因素的相互关系和作用方式，而景观生态风险评价与之有所不同。前者侧重于从空间格局视角入手，对一定范围内景观格局构成、功能和变化受自然和人为因素影响开展分析判定（Luo et al.，2018；Ran et al.，2022），突出景观的美化功能、优化结构、合理利用和保护，是地理学研究朝着生态化方向发展的一种表现（Ramyar，2019）；而后者则多从地理学和生态学交叉视角，分析多源风险对区域生态风险的整体影响(Darvishi et al., 2020; Sahraoui et al., 2021),强调生态风险的时空演变及表征变化,是生态学朝着宏观化方向发展的一种现象,二者在研究角度和研究内容方面具有显著差异(Ai et al., 2022)。近年来,国外学者在城镇景观生态风险理论、方法和应用等方面取得了重要进展,特别是土地规划利用与景观格局、道路网络扩展与景观生态(Mo et al., 2017; Bai et al., 2023)和景观稳定性评价等方面,研究成果丰富。

例如,Jin等(2019)就提出,城镇景观生态格局的调整和优化,应充分考虑城市土地利用/土地覆盖(LUCC)的空间差异性,尤其是对那些环境特殊、生态脆弱、碎片化程度高的典型高原城市。而以往研究对区位条件优越城市的LUCC关注较多,对高原地区城市的LUCC与景观生态格局的研究较少。此外,作为城镇化发展产物的道路网,一方面能够促使物质流、信息流和技术流在不同地区之间自由流转,推动城市经济发展和社会进步(Karlson et al., 2014; Shi et al., 2022);另一方面其还会对城市生态环境产生割裂、干扰、破坏和污染,导致城市生态系统结构和功能破坏、退化,加剧城市生态风险。据统计,美国国土面积的15%~20%受到交通路网影响,荷兰是16%,而中国则高达18.37%(Karlson and Mörtberg, 2015)。城市经济发展虽然离不开交通,但城市路网体系扩展所带来的负向生态环境效应也不应被忽视。目前,随着研究手段和技术的不断提升,学界对城市路网扩展与景观格局的相关研究,逐渐从单一的路网结构向复杂路网结构转变(Fan et al., 2011),研究对象包括被路网割裂的森林、湖泊、盆地、草地、平原和自然保护区等(Narayanaraj and Wimberly, 2012; Barber and Cochrane, 2014),驱动因素包括空气污染、水土流失、土壤污染、城市热岛等,数据来源有遥感影像、地表植被数据、气象数据和夜间灯光数据。

景观稳定性评价是国外景观生态风险领域研究重点问题之一，其对实现景观生态格局安全和高质量发展具有至关重要的作用。众所周知，景观是由许多不断演化的斑块镶嵌构成，而这些斑块同时又受到不同决策引导影响，处于一种动态变化状态，由此导致景观格局在不同时期出现时空差异，进而影响其稳定性。目前，国外学术界对于景观稳定性的概念、评价和表征分析尚未形成统一认识。Forman 和 Godron(1986)从抗耐性、持续性、韧性和弹性角度，对景观稳定性进行解释说明。还有学者认为，景观稳定性评价要充分考虑不同景观多样度、破碎度和聚集度，这些因素能够在一定程度上反映城镇景观稳定性水平。除此之外，部分学者研究发现，当森林斑块数量逐渐变多，边缘破碎和整体呈现出支离破碎状态时，森林公园的景观稳定性水平就会降低。而 Hermosilla 等(2019)通过实证检验也发现，当森林覆盖率降低、平均森林斑块面积变少时，森林景观稳定性就会随之降低。

景观生态风险研究虽属“舶来品”，但受到国内学者广泛关注。尤其面对我国城镇生态环境安全与土地利用之间矛盾不断加剧，维护城市生态格局安全压力倍增等一系列现实问题，如何构建生态环境优美、人地和谐的城市景观格局，维护城镇生态安全，是当前区域景观生态学和国土空间规划领域研究的热点问题。目前，我国学者在城镇景观生态评价方面成果丰硕，已建立起符合我国国情的城镇景观生态学研究框架体系。其中，基于景观指数的景观生态风险定量分析，是当前景观生态风险评价普遍采用的方法，研究内容包括城镇景观生态风险的地区差异、时空演化、变化尺度和影响因子等。需要特别指出的是，近年来随着地理信息技术和计算机技术飞速发展，越来越多学者利用计算机挖掘和提取城镇景观栅格数据、模拟和预测城镇景观生态格局演变趋势，进而提出生态环境优化方案。该方法优点在于，不仅能够快速识别土地利用变化对城镇景观格局的影响程度和驱动机理，而且能够辨析景观生态风险的区域差异和演化特征（李杨帆等，2017），因而受到国内学者们的广泛青睐和一致好评。例如，吕乐婷等（2018）利用 ArcGIS 和 Fragstats 分析软件对合肥市 2015—2017 年景观格局指数进行了测算，并以此为基础构建了区域景观生态风险评价模型，定量分析城镇扩展与景观生态风险因果关系。研究发现，随着城镇规模不断扩张，合肥市的景观生态风险也随之提高，二者间具有显著的正相关关系。周迪等（2014）通过对烟台市城镇土地利用景观指数和城市扩张强度指数测算后发现，农村耕地和城镇建设用地受人类活动干扰程度最大，其土地利用景观指数变化最明显。但总体来看，烟台市城镇扩展对区域生态环境风险尚不构成威胁，呈现良性发展态势。

模拟和预测是城镇景观生态风险研究的重要内容。研究发现，目前对城镇景观生态风险的模拟和预测主要包括基于自然灾害、国土空间规划与利用、重大赛事活动等，常用的方法包括多情景仿真模拟、土地利用模拟（FLUS）、马尔科夫链（Markov）、CLUE-S 模型、粒子群算法、灰色系统模型、系统动力学模型等（马金卫等，2012；刘希林和尚志海，2014；李玮麒等，2020）。例如，王旭等（2020）利用 FLUS 模型对 2035 年湖北生态空间及未来土地利用进行预测模拟。李琛等（2022）对 FLUS 模型改进后得到一种新的“斑块生成土地利用变化模拟模型（PLUS）”，并以典型山区城镇—云南省安宁市为范例，通过科学识别多种景观类型变化的潜在驱动因素，模拟了由未来景观格局更新所引发的斑块变化。此外，还有学者综合考虑不同地类转移、规划约束和景观格局影响因素，对不同类型、不同区位、不同情景下的土地利用状况进行模拟，但该方法也存在一定不足之处，比如，对影响土地利用的经济、社会驱动因素考虑不够全面，情景模拟结果的实际应用性不强等，这也为后续研究提供了改进空间。

(二)城镇化与碳排放

关于城镇化对碳排放的影响研究，国外学者开始较早，取得了丰富研究成果。但梳理发现，因研究方法、数据样本和研究视角有所差异，国外学者对关于城镇化对碳排放的影响尚未形成统一的观点。

第一种观点认为，城镇化程度越高，碳排放量就越大，两者呈正相关关系。Ali 等(2019)从收入高低视角出发，提出当一个国家或地区收入处于中等水平时，城镇化对碳排放量的影响显著为正。Sadorsky(2014)对新兴经济体城镇化与碳排放关系进行研究，他认为城镇化水平提高导致碳排放量增长，因此城镇化过程中应通过增加清洁能源供给、减少化石能源消费等措施，减少碳排放和实现城镇可持续发展。Kasman 和 Duman 等(2015)对发展中国家和欧洲发达国家城镇化发展中的碳排放问题进行了深入研究，主要方法有 U-Kaya 和 FMOLS，研究表明城镇化与碳排放之间呈现长期的双向因果关系，二者互相影响。特别需要强调的是，随着城镇化过程中的经济活动规模增加，碳排放量不是在减少而是在增加。Ahmad 等(2019)以中国城镇建设与环境保护为研究对象，通过构建改进的 STIRPAT 模型，实证分析后得出城镇化对碳排放具有显著的正向影响。Huo 等(2020)通过实证分析，认为城镇化快速发展，导致人口集聚和公共绿地面积减少，带动城市地区交通、建筑和土地利用活动集中，能源需求随之攀升，进而导致碳排放量持续上升。Rehman 等(2022)运用灰色关联度法对亚洲国家碳排放和城镇化的关系进行测度后发现，城镇化是亚洲国家碳排放量增加的主要诱因，南亚地区的印度、巴基斯坦和孟加拉国碳排放量增加问题尤为凸出。国内学者对城镇化与碳排放之间的研究虽然起步较晚，但一直以来受到学者们关注和讨论。例如，林伯强和刘希颖(2010)运用协整分析和格兰杰因果检验，对我国 1978—2009 年城镇化与碳排放关系进行实证分析，研究结果表明：城市化率每提高 1 个百分点，碳排放量就增加 1.61 个百分点，城镇化必然会引起碳排放量增加，二者存在显著因果关联。庄贵阳等(2022)通过构建静态和动态空间计量模型，实证检验了城镇化率与人均能源消费碳排放的关系，研究发现：城镇化率的提升必然导致人均能源消费碳排放量增加。此外，大规模城镇建设带动交通、贸易和建筑等行业飞速发展，城镇经济活动聚集特征越发显著，能源资源消耗越发增多，两者呈现正相关特征，即碳排放量随着城镇化发展而增加，这种正相关关系在发展中国家或地区尤为显著。

第二种观点认为，城镇化程度越高，碳排放量越小，呈负相关关系。Wang 等(2021)基于面板 ARDL 模型，对 OECD 高收入国家城市化对碳排放量的长短期影响进行了估算，研究结果为城市化率每增加 1 个百分点，人均碳排放量减少 0.015 个百分点，碳排放总量减少 0.012 个百分点。Wang 等(2022)从全球视角分析了城镇化与人类福祉碳排放强度(CIWB)的线性关系，结果表明城市化对中低城市化水平国家的 CIWB 产生了显著的负面影响。Muhammad 等(2020)以“一带一路”沿线 65 个国家为研究对象，对城镇化进程中的不同收入群体与碳排放非线性关系进行拟合，研究结论为：城镇化与低收入、中低收入和中高收入群体的碳排放呈 U 形关系，即城镇化水平越高，低收入、中低收入和中高收入群体的碳排放量越小。Li 和 Haneklaus(2022)运用 ARDL 模型，评估了 G7 国家清洁能源消费、GDP 增长和城镇化与碳排放之间的关系，结果表明：提高城镇化水平有利于抑制碳排放增加。关于城镇化与碳减排，长期以来都是国内学者研究的热点问题，特别是在“2030 年前碳达峰、2060 年前碳中和”战略目标下，从理论研究角度率先实现城市节能减碳和健康发展，更加具有理论价值和现实意义。例如，赵红和陈雨蒙(2013)认为，从长短期角度看城镇化都与碳排放呈现稳定的负向关系，区别在于短期角度下的负向效应更强。郭郡郡等(2013)基于跨国数据研究表明，城镇化虽然有利于减少碳排放量，但这种负向影响会随着城镇化水平不断提高而减弱。

第三种观点认为，城镇化与碳排放并不具有线性关系。Martínez-Zarzoso 和 Maruotti(2011)通过对 88 个发展中国家 1975—2003 年研究发现，城镇化与碳排放呈现倒 U 关系。而 Yao 等(2021)则从地级市层级实证分析了不同维度下城镇化对碳排放的影响，研究结论为：由于人口集聚规模和环境技术水平的异质性，城市化与碳排放之间存在非线性关系。Bekhet(2017)和 Hashmi 等(2021)以东南亚地区为研究样本，同样验证了城镇化发展与碳排放呈 U 形关系。胡建辉和蒋选(2015)实证研究结果表明，在我国珠三角城市群城镇化发展与碳排放之间呈现 U 形关系。唐李伟等(2015)采用动态面板门槛模型研究了城镇化对生活碳排放的非线性关系，结果发现城镇化与生活碳排放之间有显著门槛效应。

由于受到资源禀赋、社会经济和历史状况等因素影响，城镇碳排放存在较大区域差异。国外有关城镇碳排放区域差异研究，主要从交通、土地、产业和生活方式等角度开展研究，例如，有学者认为，城镇化过程使得人口从农村流向城镇，导致城镇地区人口大规模集聚，能源利用和消费规模随之提高，生活方式也发生改变，包括交通设施、土地利用、产业结构、国际贸易、住宅等，引致城乡间碳排放区域排放差异较大(Zheng et al.，2020)。Liu 等(2021)从省级层面揭示了我国城镇交通与碳排放的区域差异、驱动因素和时空演变，总体呈现东南低、西北高特征，其中东部地区内部差异特征最明显，其次为西部地区，最后为中部地区。Dong 等(2021)提出由于区域工业化和城镇化发展水平存在差异，碳排放在欠发达地区和发达地区间也有所不同。

（三）城镇化与生态环境

研究城镇化发展过程中的生态环境问题，对深刻理解和把握城镇运行规律和特征、保护和修复脆弱生态环境，实现经济、社会和生态协同发展至关重要。基于此，本小节将从研究视角、研究方法、研究要素和研究内容四个角度，梳理城镇化发展与生态环境的相关研究。

第一，从研究视角角度看来，主要包括经济学视角、生态学视角、可持续发展视角和地理学视角（王俊龙等，2022）。关于经济学视角下的生态环境问题研究，离不开 Grossman 和 Krueger 在 20 世纪 90 年代初期提出的环境库兹涅茨曲线（EKC）理论及其应用。此后，国内外众多学者对环境库兹涅茨曲线进行大量解释和检验，而从经济学角度探讨城镇化对生态环境影响有关研究，是其中重要的研究分支（孙博文，2020）。还有学者对城镇化发展中的水资源生态环境危机关注较多，他们认为城镇人口不断增加和资源能源低效利用，导致城镇水资源过度消耗，城市水资源生态环境持续恶化，城镇经济发展与实际用水量脱钩（Richter et al.，2018；Lee et al.，2020）。也有学者认为，城镇化改变或者影响了生物多样性栖息环境，造成城镇地区生物多样性减少。其中，部分学者通过对城镇地区鸟类迁徙规律进行长期观察，并对比分析自然景观和受人类影响自然景观两种情景下的鸟类生物多样性问题，研究发现：由于城镇化建设鸟类栖息环境日趋破碎甚至消亡，城镇地区生物丰富度也下降，生物多样性问题不断凸显（宋永昌等，2000；Enedino et al.，2018；Xu et al.，2018）。相比而言，我国学者关于经济视角下的城镇化与生态环境关系研究起步较晚，但也取得了一系列重要研究成果，其中胡星（2017）将演化经济学纳入新型城镇化分析框架，提出一种基于“遗传—变异—选择”的新型城镇化过程分析范式，为城镇生态环境研究提供重要参考。此外，龙花楼等（2014）聚焦小城镇资源环境与经济—社会—地理空间协同演化问题，并将其划分为：系统发展阶段、系统退化阶段、系统接替阶段和系统再生阶段，相关结论为小城镇地区实现经济增长与生态环境保护协同发展提供参考借鉴。岳文泽等(2019)围绕城市土地利用与规划、城镇资源环境承载力、城镇生态系统服务功能和价值等内容，运用经济学、地理学和生态学等多学科知识，对城镇化发展与生态环境时空演进、区域差异和演化趋势进行了分析研究，相关结论对实现区域可持续发展具有理论价值和实践意义。

第二，从研究方法角度看来，主要包括耦合动态模拟、耦合协调度模型、灰色关联度模型、模糊物元模型、空间自相关、地理探测器分析法、主成分分析法、综合指数法等(Wang et al.，2014；Lu et al.，2017；Yi et al.，2019；Liu et al.，2020)。例如，刘伟辉等(2012)利用耦合分析法对重庆市2000—2012年新型城镇化质量与生态环境承载力耦合协调度进行研究，结论显示：重庆市新型城镇化与生态环境质量耦合度在0.97~1浮动，处于高耦合阶段。孙黄平等(2017)则认为在我国泛长三角地区，城镇化与生态环境耦合协调度存在明显空间差异和倒U形特征，大体呈现中部高、南北低，东部高于西部。赵建吉等(2020)从结构演化维度对黄河流域新型城镇化与生态环境耦合协调时空格局进行模拟分析，并运用VAR模型对影响黄河流域新型城镇化与生态环境耦合协调发展的要素进行识别和测度。冯雨雪和李广东(2020)构建了一套适应青藏高原地区城镇化与生态环境交互影响评估模型，实现从综合评价指数分析、耦合协调度量化、耦合类型识别、解耦路径探索到趋势预测的全过程解析。随着空间统计技术进步，有国外学者将RS和GIS技术应用于城镇化与生态环境研究。Buyantuyev等(2009)基于美国凤凰城地区的MODIS NDVI数据，利用简化的参数净初级生产模型估算得出，城镇化虽然增加了区域净初级生产，但对降水与植被之间的耦合关系起到了破坏作用。Yao 等(2021)研究了我国天山山脉北坡干旱区城市群生态环境的耦合机理和时空变化特征，天山北坡城市群生态环境质量两极分化现象严重，从东南向西北空间异质性显著，耦合协调性较弱。Ariken 等(2021)构建了丝绸之路经济带沿线国家城镇化与生态环境耦合协调模型，并以阿联酋为例，定量分析了该国城镇化与生态环境的耦合协调度及其时空差异性特征。

第三，从研究要素角度看来，主要包括土地利用、矿产资源、植被湿地、交通、生物多样性、水污染、大气污染(PM2.5、PM10、CO_2、SO_2、NO 等)、固废污染、气候变化、能源消费等(陈军和成金华，2015；Wang et al.，2017；Miller et al.，2017)。一方面，部分学者围绕城镇化发展过程中土地、人口、资源能源等要素集聚和扩张对生态环境影响展开研究。他们认为，城镇土地和人口扩张，破坏了城镇地区经济社会发展与生态环境平衡，造成城镇资源环境承载力过重，生态环境风险不断累积，生态环境质量下降成为必然。然而，还有一部分学者围绕特定区域，从资源禀赋和现实条件出发，分析研究矿业城市资源开发与生态环境之间的关系，提出通过调整矿业城市资源开发格局、健全矿产资源勘探环境影响评价制度等手段，推动矿产城市转型发展及可持续发展(葛荣凤等，2017；马丽等，2020)。另一方面，随着人类活动对生态环境的影响不断增强，任何一套生态环境要素或足迹指标都不足以对整个生态环境进行全面评估。因此，越来越多学者对生态足迹问题展开深入研究，标志着生态足迹体系从单一维度向复合维度转变。

第四，从研究内容角度看，主要包括四方面。一是城镇化与生态环境交互耦合机制及规律。黄金川和方创琳(2003)从空间尺度上证实了城镇化与生态环境的耦合关系、驱动机理和内在联系，并以浙江为例，利用时间序列面板数据和方法对研究区域城镇化与生态环境耦合关系进行验证。He 等(2017)采用熵值法对上海市城镇化与生态环境耦合关系进行实证检验，研究结论发现城镇化与生态环境耦合关系轨迹呈 S 形曲线。刘海猛等(2019)则从复杂结构的视角出发，基于空间、时间、表象和组织四个维度创新性提出“耦合魔法”概念，用以解释和说明城镇化与生态环境的耦合机制，该概念的提出有助于丰富和完善城镇生态环境相关理论体系。二是协调发展水平测度及评价。宋建波和武春友(2010)以我国长三角 16 个城市为研究对象，对该区域城镇化与生态环境协调发展水平进行测度，得出现阶段长江城市群城镇化发展质量落后于生态环境发展需要，相互间协调发展水平差距明显。吴次芳等(2016)、李菁和张毅(2022)实证分析发现，目前长三角城市群城镇化与生态环境效率的耦合协调水平大致处于 0. 38~0. 72，总体呈现上升态势。Fang 等(2017)对特大城市群城镇化与生态环境的非线性耦合特征、交互影响强度、耦合机制和模式进行研究，提出了特大城市群城市化与生态环境交互耦合理论。三是胁迫效应。岳文泽(2006)基于交互胁迫非线性模型，对珠三角地区广州、深圳、佛山等 9 个城市城镇化与生态环境交互胁迫关系进行验证，演变轨迹符合双指数曲线。Song 等(2020)分别从水、土地和大气资源三个维度，对城镇化与生态环境的胁迫机理、约束机制进行探讨。四是时空演变及区域差异。孙钰等(2021)对洞庭湖地区新型城镇化与生态环境耦合协调度的时空变化研究后发现，在洞庭湖地区新型城镇化与生态环境水平空间差异十分显著，表现为边缘地区>中心地区>外围地区，耦合协调水平处于较低水平，相互之间发展不平衡不充分问题凸出。方创琳(2022)基于 MODIS 遥感影像数据，对京津冀地区城镇绿色空间与生态环境质量的时空演进、区域特征和变化规律进行了定量分析。

四、城镇化中的生态环境风险治理相关研究

（一）城镇化中的生态环境风险治理逻辑

习近平总书记指出，城市是现代化的重要载体，也是人口最密集、污染排放最集中的地方。改革开放 40 多年以来，我国经历了世界历史上规模最大、速度最快的城镇化，城镇化已成为推动我国高质量发展和实现“两个一百年”奋斗目标重要动力。在正视城镇化对经济社会发展推动作用前提下，其发展过程中出现的人口、土地和空间结构规模等与生态环境承载力不匹配问题不容忽视。因此，转变城镇化中的生态环境风险治理逻辑，提升治理质量和效能，已成为实现我国乃至全世界其他国家城镇可持续发展的重要保障。

一是城镇化中的生态环境风险治理应采取差异化思路，避免不分青红皂白“一刀切”。城镇化进程中，各个地区资源环境基础千差万别，经济发展水平各有不同，因此需要在精准识别资源禀赋特征基础上，因地制宜采取差异化治理策略，鼓励开展“点对点”分类施策，避免一切不合实际的“一刀切”政策，提高治理的针对性、适用性和可操作性（高启达和毕于建，2014；Hu et al.，2019）。

二是城镇化中生态环境风险治理应强调协同共治，破解多头管理“碎片化”难题。有学者提出，城镇化中的生态环境风险治理应从多头分治转向集中共治、从政府包揽转向社会共治、从事后治理转向全程共治，旨在构建囊括政府、市场和社会等治理主体的生态环境风险治理结构，解决分散治理中出现的不想管、不愿管、不会管难题，打破生态环境保护部门割裂、权力分散和碎片化现象，以及提升城镇化进程中的地方政府生态环境风险治理能力，具有重要的作用和价值（张建伟和谈珊，2018；梁龙武等，2019；唐学军和陈晓霞，2022）。

三是城镇化中的生态环境风险治理应注重绿色技术研发和应用。传统发展模式下，生产生活中的资源能源低效利用、废水废气排放和固体废弃物污染问题，造成生态环境系统承载力下降，“城市病”问题不断爆发并且日益严重。随着技术进步以及“双碳”战略提出，倡导建立以绿色技术为支撑的生态环境风险治理体系，进而从生产、消费和供给等多维度，推动生态环境风险治理绿色技术革命，已经成为城镇化发展过程中保护生态环境的普遍共识和集体行动（杨静雯，2019；Yan et al.，2021）。

四是城镇化中的生态环境风险治理应走好“群众路线”。人民群众是生态环境保护的参与者、建设者和受益者，城镇进程中的生态环境风险治理同样也离不开群众的参与。人与自然是和谐共生关系，人类的生产生活行为都会直接或间接对生态环境产生影响。因此，在治理生态环境过程中，应充分调动群众参与积极性，通过宣传引导和制度保障等方式，引导群众自觉树立生态环境保护意识、摒弃不良生活习惯和做好生态环境“探照灯”，形成“共抓”生态环境风险治理强大合力，为城镇健康发展构建浓厚共抓共治氛围（郑思齐等，2013；Enqvist et al.，2014）。

（二）城镇化中的生态环境风险治理瓶颈

总体来看，快速城镇化发展导致全球生态环境形势严峻，加之受到由新冠病毒传播、不良卫生条件引发水体污染和极端气候等多重因素影响，世界各地居民在城镇化发展中都不同程度遭受影响，其所面临的风险危机不断加深。现阶段，城镇化中的生态环境风险治理瓶颈主要体现在：

一是自然生态系统功能呈下降趋势。在全球生态环境急剧变化过程中，由城镇化发展而造成的生态环境风险日益增多。尤其是在广大发展中国家，过分强调经济发展而忽视生态环境保护，导致自然生态系统功能下降，自然生态环境链条出现断裂，自然生态环境风险不断出现（缪细英等，2011；Zhang et al.，2021）。突出问题表现在：工业废气、汽车尾气、垃圾焚烧和能源资源低效利用，产生大量氮氧化物、硫氧化物和碳氧化物等气体，致使酸雨、雾霾等极端天气频繁出现，危及城镇健康可持续发展；城镇空间规模扩张，挤占自然生态系统空间，林地、湿地和绿地的含蓄水源、调节径流和保持水土作用减弱，导致部分地区出现洪水、暴雨等气象灾害，内涝风险急剧上升；生产生活和经济发展对水资源需求量日益增加，地下水超采严重，水位下降，水资源污染严重，部分城镇地区水质堪忧（Aminzadeh et al.，2010；Breuste et al.，2013；孔令桥等，2018）。

二是城镇化中的生态环境风险多头管理问题严重。主要问题表现在参与管理主体在价值理念、机构设置、运行保障等方面分散交叉，责权设置不清晰，容易出现推诿扯皮、协调困难等现象（方卫华和李瑞，2018）。产生原因在于：一方面，政府内部横向部门间的生态环境风险治理职能严重分化，相关管理权限和管理层级设计不合理，权力被层层分解，甚至互设关卡，难以形成治理合力；另一方面，政府内部纵向间上级对下级的生态环境风险监管难以形成有效约束，生态环境执法监管权力严重弱化。除此之外，城镇化发展背景下，社会组织、公民和其他社会力量参与生态环境风险治理不足，相关监督渠道、监督方式和问题反馈路径狭窄（李娜，2019；张青兰和吴璇，2021）。

三是城镇化中的生态环境风险治理政策机制不健全。现有文献中关于城镇化中的生态环境风险治理政策机制问题表现在：一方面，受行政区划限制，不同地区间在政策生成、政策运行和运行反馈中存在“属地思维”，在政策制定和执行过程中过分强调行政界线，主张实现分区而治，相关地区之间缺乏有效沟通、协调和对话；另一方面，一些地方政府片面追求“城镇规模扩张”，以牺牲生态环境为代价换取城镇快速发展，在生态环境风险治理约束机制、监督机制和补偿机制等缺位情况下，极易出现能源资源浪费、土地滥用和环境污染等问题，导致生态环境质量下降、风险隐患增多、治理难度增大（高启达和毕于建，2014；任博，2019；Yang et al.，2022）。

（三）城镇化中的生态环境风险治理路径

生态环境风险具有隐蔽性、多变性和长期性，一些长期积累的风险危机如得不到有效解决，极易阻碍城镇可持续发展。因此，结合城镇进程中的生态环境风险类别、特征和不足，有针对性地提出治理路径，是实现城镇化与生态环境风险治理亟待解决的现实问题。可将现有文献中关于城镇化与生态环境风险治理路径研究归纳为以下五方面：

一是重视城镇化中的生态环境风险治理群众参与。有学者认为，在生态环境风险治理成为全社会共识情况下，可通过设立群众公约的形式，充分调动群众参与城镇化中的生态环境风险治理积极性。这不仅能够唤醒群众生态环境保护主体意识，而且能够提升群众对绿色发展理念的认识和理解。还有学者提出，应调整以政府为主导的生态环境风险治理模式，鼓励将群众参与机制纳入生态环境风险治理，构建生态环境风险治理的二元结构体系，形成政府和群众共抓城镇化发展与生态环境风险治理强大合力（彭情，2015）。

二是加强城镇化中的生态环境风险治理制度建设。城镇化过程中，制度建设是提升生态环境风险治理效能的根本保障。从环境经济学角度看，应加强城镇化中的生态环境风险治理产权制度和奖惩机制建设（李静等，2009；王金南等，2016）；从可持续发展角度看，应建立健全城镇化中的生态环境风险治理发展规划和创新政策（吕红迪等，2014）；从监测评估角度看，应加快构建城镇化中的生态环境风险治理、风险评估和损害赔偿制度（李欢欢等，2019）；从技术创新角度看，应注重城镇化中的生态环境风险治理相关技术研发和标准制定(潘家华，2015)。

三是优化城镇化中的生态环境风险治理空间布局。学者们研究发现，城镇背景下的生态环境风险治理困境是由空间结构布局无序和混乱造成的。因此，在治理过程中，应基于区域功能和战略发展定位的现实考量，在城镇化发展中设立不同功能区，明确各个区域的开发时序和管控边界，合理安排生产空间、生活空间和生态空间，最大限度减少城镇扩张对自然生态空间的占用，避免生态破坏和环境污染交叉、重叠和转移，以构建城镇化与生态环境协同发展格局。

四是扩充城镇化中的生态环境风险治理人才队伍。人才队伍是城镇化中生态环境风险治理的关键主体。城镇化中的生态环境风险治理情况极其复杂、涉及面广，对人才的需求，尤其是生态环境保护、修复方面的技能型人才需求尤为迫切。因此，有研究提出，应加强生态环境管理人才规范化、制度化建设，不断优化风险治理人才队伍结构、规模和素质，鼓励探索和推行知识、技术和管理等要素参与分配的激励模式，赋予人才更多自主权和决定权，从而充分激发人才参与城镇化发展建设与生态环境风险治理的积极性。

五是增加城镇化中的生态环境风险治理资金投入。城镇化进程中生态环境风险治理要改变以政府为主体的单一投入模式，鼓励不同市场主体参与其中。可通过绿色金融、绿色债券、绿色信贷和绿色股票等多种融资方式，多渠道增加城镇化发展建设与生态环境风险治理资金，形成多元化融资机制，以缓解城镇化发展过程中生态环境风险治理资金紧缺局面。

五、简要述评

综上可知，围绕生态风险、环境风险、城镇化、城镇化发展与生态环境影响及相关治理策略等内容，学者们从理论研究、实证分析和成果应用等方面开展了不同尺度研究，为本研究顺利进行奠定坚实理论基础和方法启示。但以往研究也存在一定的改进空间。

一是从研究区域来看，现有文献中关于生态环境风险的研究大多从国家或省级层面开展分析，而对流域经济带，尤其是对长江经济带生态环境风险的研究还较为匮乏；二是从理论研究来看，较少研究从落实高质量发展、生态文明建设和“双碳”等重大国家战略需求出发，梳理长江经济带城镇化对生态环境风险的影响机理，缺乏从理论层面阐明长江经济带城镇化与生态环境风险的逻辑关联；三是从实证分析来看，已有文献对长江经济带生态环境风险指数测算、区域差异、时空演化和空间关联等方面的研究成果较少，相关评价指标体系构建不足；四是从研究视角来看，鲜有研究从空间角度实证分析长江经济带城镇化对生态环境风险的影响效应，并有针对性地提出相应的应对策略。

第三节　研究思路、内容与方法

一、研究思路

首先，基于高质量发展、生态文明和总体国家安全观的现实考量，引入长江经济带城镇化对生态环境风险的影响研究选题。其次，对学术界关于城镇化与生态环境风险相关研究进行系统综述，准确把握本研究的理论基础、发展现状和不足之处，进而发现已有研究的知识缺口，为确立研究起点和边际学术贡献提供支撑。再次，利用实证检验和理论分析相结合方法，量化测度长江经济带生态环境风险指数并分析其时空演化特征，并从空间角度实证检验长江经济带城镇化对生态环境风险的影响效应。最后，总结长江经济带城镇化对生态环境风险影响分析的相关研究结论，提出长江经济带城镇化与生态环境风险协同治理策略。本研究思路可用以下逻辑关系图清晰、直观呈现：

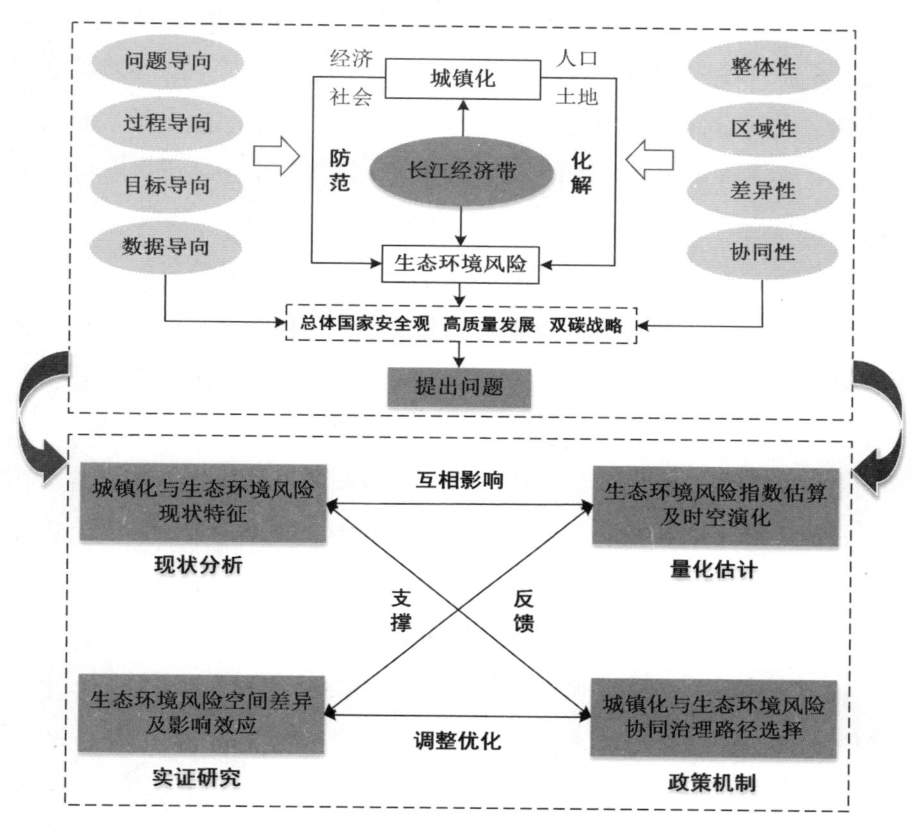

图 1.1　本研究的逻辑关系图

二、研究内容

全书共分七个章节，各章节结构安排如下所示：

第一章为绪论。本章主要阐述了开展本研究的选题背景、目的及意义，梳理国内外城镇化对生态环境风险影响的相关理论、方法和应用研究进展，阐述了生态风险和环境风险发展演变、城镇化扩张、城镇化对生态环境影响及风险治理等方面的研究现状和不足，并以此为基础形成本研究的逻辑思路、主要内容与方法以及创新点。

第二章为长江经济带城镇化对生态环境风险影响的理论基础。本章主要从生态环境安全角度分析区域经济发展、城镇化与生态环境风险相关概念、发展演变和逻辑关系等，并从直接影响和空间溢出两方面探究城镇化对生态环境风险的影响机制，研究城镇化与生态环境风险协同治理的提出缘由、内在关联、行动主体和政策制定等内容。

第三章为长江经济带城镇化及其生态环境风险现状分析。本章在简要介绍长江经济带发展概况基础上，重点论述了长江经济带城镇化发展历程和现状特征，以及从水、大气和固废三方面，分析了长江经济带城镇化中的生态环境风险基本现状、面临问题及原因。

第四章为长江经济带生态环境风险指数测算及其时空演化。本章构建了长江经济带生态环境风险指数测度指标体系并进行量化测度，进而利用 Dagum 基尼系数及差异分解法、核密度估计和莫兰指数模型方法，揭示长江经济带生态环境风险的空间差异、时空演化和集聚特征。

第五章为长江经济带城镇化对生态环境风险的影响效应分析。本章按照“经济城镇化—人口城镇化—土地城镇化—社会城镇化”的逻辑思路，选取生态环境风险指数、人均 GDP、人均能源消费量和单位面积碳排放量等 12 个指标，基于 Wald 检验、LR 检验和 Hausman 检验，运用空间杜宾模型实证分析长江经济带城镇化对生态环境风险的影响效应并进行效应分解。

第六章为长江经济带城镇化与生态环境风险协同治理路径选择。针对研究中发现的问题，本章从能源协同、财政金融协同、双碳战略协同、城镇化发展协同和产业协同等方面提出相关优化路径。

第七章为结论与展望。本章主要内容为总结前述理论研究和实证分析结果，提出研究不足之处，进一步明确后续研究方向。

结合本研究的思路、内容以及确定的各章节结构，形成本研究的技术路线图(见图1.2)。

三、研究方法

本书主要采用了以下四种研究方法，具体内容如下：

(一)文献研究法

本研究采用文献研究法，系统梳理国内外关于生态风险、环境风险、城镇扩张及对生态环境影响和治理等方面的已有成果，同时借鉴国内外有关城镇化对生态环境风险影响的技术方法，掌握与研究主题相关的理论基础、技术体系、问题划分、研究方法等内容。基于此，发现该领域现有研究知识缺口，从而为“长江经济带城镇化对生态环境风险的影响”这一研究主题的确立，奠定坚实理论基础。

(二)比较分析法

本研究运用比较分析法，从经济、土地、人口和社会等维度比较分析国内外关于城镇化对生态环境影响的理论成果。其中，横向比较主要包括城镇化对生态环境风险影响研究在不同国家或行业的演变、采用的方法和结论，纵向比较主要涉及城镇化对生态环境风险在不同时期的影响研究。研究尺度既有宏观尺度的城镇生态景观格局变化的对比研究，也有微观尺度的人口流动、经济增长和交通设施等的比较研究。

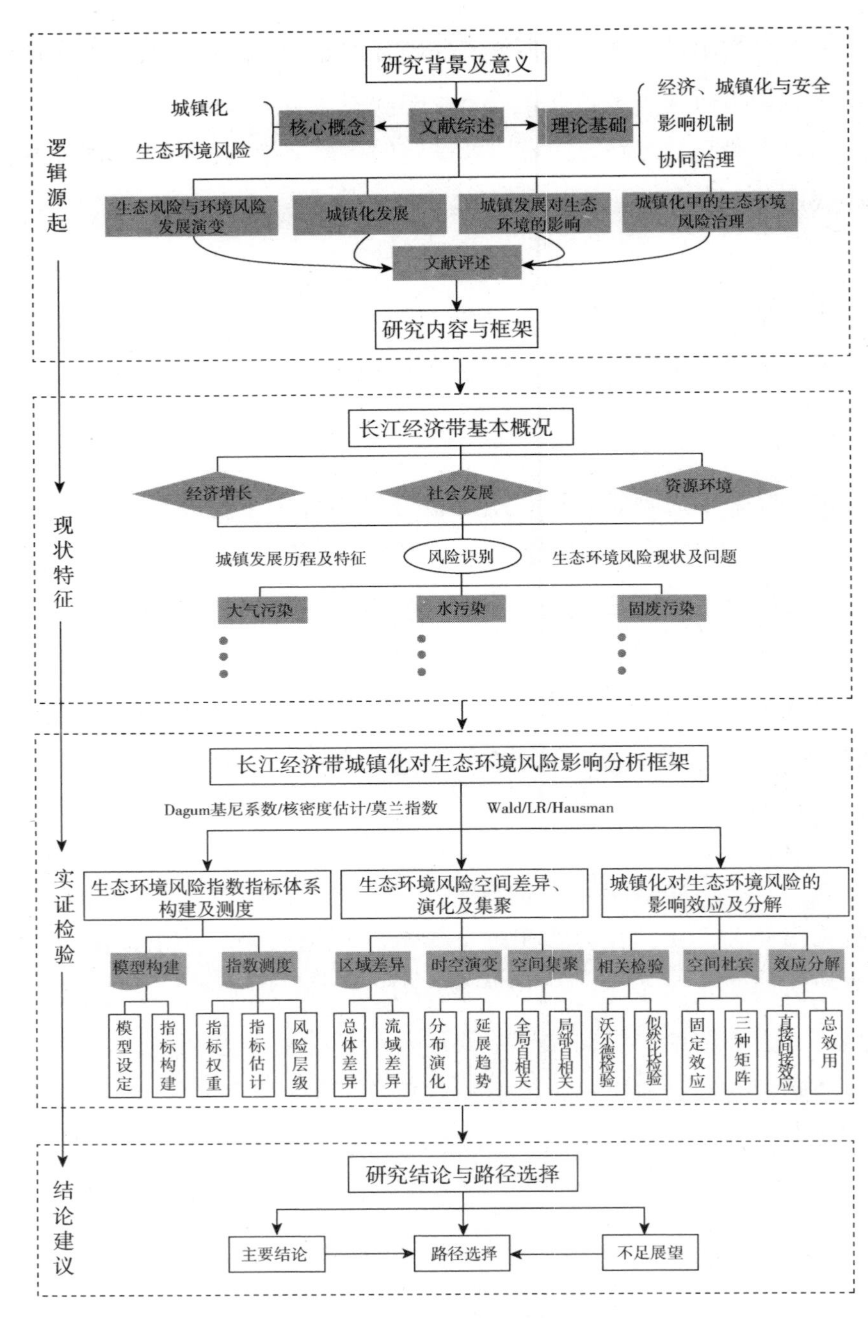

图 1.2　本研究的技术路线图

(三)统计分析和计量模型相结合的方法

本研究在收集整理长江经济带城镇化中影响生态环境风险相关变量基础上，使用风险指数法、熵值法以及构造相关指标体系，综合测算长江经济带生态环境风险指数；进一步利用 Dagum 基尼系数及差异分解法、核密度估计法和莫兰指数方法，揭示长江经济带生态环境风险的空间差异性特征；最后运用空间计量模型，实证分析长江经济带城镇化对生态环境风险的空间影响效应。

(四)归纳演绎法

本研究利用归纳演绎法，总结长江经济带城镇化发展中的生态环境风险治理实践经验，并结合理论研究与实证分析结果，提出长江经济带城镇化与生态环境风险协同治理的具体路径。

第四节 创新点

本研究的创新点主要体现在以下三方面：

(1)从受体、压力、表征和响应的角度构建了一套长江经济带生态环境风险指数测度体系，更加全面刻画了长江经济带生态环境风险的时空演化特征。本研究基于较长时期生态环境风险指数的估算，一方面分析了长江经济带生态环境风险的时空演化和延展趋势，另一方面探讨了转型期长江经济带生态环境风险的空间差异性问题，揭示了长江经济带生态环境风险的演变过程和影响因素，有利于进一步丰富生态环境风险研究方面的文献。

(2)在总体国家安全观既定顶层框架下，本研究厘清了城镇化与生态环境风险的互馈关系和影响机制，并从直接效应、溢出效应和总效应三个维度，实证分析了长江经济带城镇化对生态环境风险的影响效应，充分体现了长江经济带高质量发展、生态文明建设的现实逻辑和内在需求，一定程度上解决了长江经济带城镇化对生态环境风险影响研究实证分析匮乏的问题。

(3)引入“协同治理”概念，提出了长江经济带城镇化与生态环境风险协调发展的优化路径。立足城镇化发展过程中生态环境风险的空间异质性特征，本研究从能源协同、财政金融协同、双碳战略协同、城镇化发展协同和产业协同等角度，提出了长江经济带城镇化发展与生态环境风险协同治理策略，一方面能够为其他类似地区城镇化与生态环境风险协同治理提供经验借鉴，另一方面也能够为防范化解重大领域安全风险以及践行总体国家安全观重大举措提供决策支持。

第二章　长江经济带城镇化对生态环境风险影响的理论基础

从地理区位角度看，长江经济带是我国实现新一轮区域开发开放战略的重要组成部分，同时也是以长江流域为依托的典型区域经济。城镇化作为推动长江经济带经济社会发展的重要驱动力，在防范化解生态环境领域重大风险，维护生态环境安全和坚持总体国家安全观进程中，发挥着不可替代的作用和价值。

第一节　区域经济发展、城镇化与生态环境风险

一、区域经济发展与生态环境安全

（一）区域经济发展概念及特点

区域经济发展是发展经济学中的重要内容，源自西方，其含义是一定区域范围经济发展的内部因素与外部条件共同作用而导致其结构持续高级化的创新过程（白永秀和任保平，2007）。区域经济发展是国家经济活动在特定区域的缩影，是一定时期政治、经济、社会和历史等因素

共同作用结果的具体表现（权衡，1997；刘秉镰等，2020），具有如下特点：

①经济发展速度不断加快，发展水平和质量持续提高；②资源、劳动力和资本等生产要素配置趋于均衡、合理，地理区位优势发挥明显；③生产、生活等基础设施，生态环境和经济条件改善；④对外开放程度持续提高，新的经济增长点和经济活力不断涌现和迸发；⑤贸易、交通和产业等联系日益紧密，区域市场活动交易频繁，统一大市场建设趋向成熟。

基于区域经济发展的核心概念及特点，区域经济发展理论体系不断形成、优化，能够揭示一定范围内区域经济发展的规律（冯彦明，2020）。目前，区域经济已建构起包括梯度推移理论、增长极理论、地域生产综合体理论和产业集权理论等理论体系。这些理论的形成，经历了一个从无到有、从小到大、从弱到强的动态变化过程，为分析区域经济发现现象、问题和规律，奠定了坚实基础。

（二）区域经济发展阶段及模式

区域经济的发展，是一个动态变化、持续更新和迭代升级的过程。因此，认识和理解区域经济发展阶段和过程，厘清区域经济发展模式，有助于认清当前区域经济发展的本质特征和现象。对国内外区域经济发展阶段脉络梳理如下：

①20 世纪 50 年代，美国经济学家沃尔特·艾萨德教授（Walter Isard）出版了《区位与空间经济学——关于产业区位、市场区、土地利用、贸易和城市结构的一般理论》，标志着区域经济发展理论初步形成。随后，部分经济学家又基于艾萨德教授的研究成果，相继提出了累积因果论（缪达尔，1957）、核心与边缘区理论、涓滴效应和极化效应（赫希曼，1958）等理论，并对区域经济发展过程中的差异问题进行了

重点研究。②20 世纪 80 年代以后，区域经济学逐渐分化出许多流派，标志着区域经济理论发展进入新的发展阶段，在学术观点、理论体系等方面进一步发展壮大。典型的区域经济学派有：以克鲁格曼、藤田为代表的新经济地理学派，以加尔布雷思、博尔丁为代表的新制度学派和以赫特纳、哈特向为代表的区域管理学派。③20 世纪 90 年代，区域经济发展理论创新日趋规范、不断成熟。该阶段区域经济发展理论方面的创新是将空间分析概念融入区域经济发展，使区域经济学日益成为规范的空间分析经济学，突出代表人物有迈克尔·波特、巴罗和克鲁格曼等。④21 世纪以来，受经济全球化影响，区域经济发展在理论方面有了新的发展动向，特别是对经济发展中"问题区域"的关注日益增多，研究方法融合地理学、管理学和政治学等多学科门类并且趋于复杂化、模型化和计量化。

相比而言，国内学者对区域经济发展方面的理论研究晚于西方，但成果丰硕。其中，中国科学院院士、著名经济地理学家陆大道在其出版的《区域发展及其空间结构》(1955)一书中，详细阐明了我国区域经济发展中的空间结构演变一般性特征，提出了区域开发与发展的"点—轴系统"理论和"T"形区域经济结构。此外，我国区域经济学奠基人陈栋生出版的《区域经济学》，提出了著名的"三大地带划分理论"，并将我国区域经济发展划分为待开发、成长、成熟和衰退四个阶段，至今仍对我国区域经济相关政策制定产生重要影响。还有周起业(1989)、杨开忠(1989)和杨吾杨(1989)等，系统分析了我国区域经济发展的规律和运行机制，构建了区域经济发展的数量模型，为我国建构起符合国情的区域经济发展理论体系做出了重要贡献。

在系统梳理国内外区域经济发展脉络后，对区域经济发展模式的研究就显得尤为重要。一般而言，区域经济发展模式是对一定历史条件下的经济发展特征、经济发展过程及内在机理的高度概括，是特定区域、特定时期和特定环境下的独特产物，不同的区域经济发展模式也千差万别、各有不同(曾刚等，2015)。目前，区域经济发展模式分类较多，例如，从空间聚合角度，可将区域经济增长模式分为增长极模式、点轴模式和网络模式；从产业集聚角度，可将区域经济增长模式分为苏南模式、义乌模式和浦东模式等；从人力资本等生产要素角度，可将其分为“人力资本—市场—外生型”。国外区域经济发展模式主要有东亚模式、拉美模式和美国模式等。在上述区域经济模式中，我国大部分区域经济发展多采用点轴开发模式，例如，长江经济带就是区域经济点轴发展模式的典型代表。

(三)生态环境安全概述

2014 年 4 月，习近平总书记在中央安全委员会第一次会议中，创造性地提出以人民安全为宗旨的“总体国家安全观”，强调要把包括生态环境安全在内的非传统安全纳入总体国家安全观。2022 年 10 月，党的二十大报告中提出，要加快构建集生态环境安全、经济安全、国土安全和社会安全等于一体的国家安全体系。

生态环境安全被“感知”肇因于工业革命引发自然资源开发利用、传统能源滥用引发全球气候危机以及灾难、病毒传播危及人类社会生存发展。正是人类为了自身生存发展而造成的全球自然资源过度消耗、气候变暖、水资源短缺和固体废弃物污染等问题，使得越来越多的国家、地区乃至个人开始关注自身不合理的能源资源利用行为和治理困境，生态环境安全问题才逐渐受到广泛关注。

对于生态环境安全概念的界定，最早可以追溯至 1981 年美国社会学家莱斯特 · R. 布朗(Lester R. Brown)出版的《建设一个持续发展的社会》一书，其中他将生态环境安全定义为“一个国家或者地区的生态环境资源现况能持续满足社会经济发展需要，社会经济发展不受或少受来自生态环境的制约与威胁的现态”(周娴和陈德敏，2022)。《中华人民共和国民法典》中将生态环境安全分解为生态安全和环境安全两个部分，并基于环境污染和生态破坏的法治逻辑，将其定义为维持一个国家人与自然协调发展，使其生态环境以及自然资源长期处于没有危险、不受威胁的稳定状态。根据上述关于生态环境安全的定义，可以发现，实现生态环境安全，很重要的方面就是不受威胁、处于没有危险的状态。据此可知，生态环境安全与生态环境风险之间是包含与被包含的关系，即生态环境安全的价值范畴囊括生态环境风险，生态环境风险则是生态环境安全的有机组成部分。关于生态环境风险介绍这里不做过多论述，后文将会详细分析。

从发展演变角度来看，生态环境安全是对生态安全、环境安全的继承和更迭，不保留原有“生态”和“环境”本质属性，又将文化、科技和信息等非传统安全要素吸纳其中，价值范畴和核心内容不断外延。然而，全球不同国家或地区在生态环境安全方面的制度建设发展缓慢，在处理跨区域的生态环境安全事件时，面临较多制度性矛盾冲突，这主要是因为：①生态环境安全概念界定模糊、界定不一，对其的解释仍未从原有生态范畴和环境范畴中解构出来；②与生态环境安全相关的法律体系建设存在明显短板，甚至不同国家或地区间存在冲突；③各国政府未能很好履行自身生态环境安全监管职责，越位、缺位现象严重；④国际社会缺乏统一的生态环境安全处理规范和制裁标准。

二、城镇化与生态环境安全

(一)城镇化概念界定

城镇化，国外一般称之为“城市化”，最早是由西班牙工程师 A. 塞达(A. Serda)在1867年所著的《城镇化基本理论》中提出的，用于描述乡村向城市演变的过程。20世纪70年代后期，城镇化概念引入我国，并逐渐被学者们接受和使用。究其本身而言，城镇化是一个极其复杂的系统工程，涉及人口、土地、自然资源和公共服务设施等众多要素，由于立足点和研究角度不同，一直以来学者们对城镇化概念的认识理解都有所差异。城镇化是一个具有多维特质的概念，具体如下。

从人口集聚角度来看，城镇化是生产要素向城镇转移而导致农村人口向城镇地区集聚的过程，表现特征为城镇数量增加和人口规模扩大，突出强调农村转移人口“居住地”和“职业”转变，即农民居住地由乡村地区转向城镇地区，农业户口转换为非农业户口。一般而言，学者们常用城镇常住人口占总人口的比重衡量城镇化水平。

从土地利用角度来看，城镇化是城镇建设规模在空间上的扩张，表现为农村集体土地被转化为国有建设用地，以及城镇空间边界逐渐向农村扩散和延伸。城镇空间利用规模不断扩张的原因包括人类生产生活改变、经济结构调整以及社会生产力水平提高等，其中最主要原因是经济增长带动土地价格上涨，在经济利益驱动下，大量城镇土地被开发利用，用于发展工业、公共基础设施、交通道路和仓储等，使得城镇规模在空间上不断扩大(张平和刘霞辉，2014)。

从生产要素集聚角度来看，城镇化的实质就是各种生产要素集聚的过程，资金、技术、信息和自然资源等要素资源被统一成一个复杂有机体，从而形成推动经济发展的驱动力(吉昱华等，2004)。然而我们也应看到，各种生产要素大规模集聚，短时间内虽然可以促进经济发展和生产力水平提高，但从长期来看，由于各个城镇化发展基础、资源禀赋和治理水平各有差异，管理稍有不慎极易引发不当竞争、无效供给和资源争夺，从而加重城镇生态环境承载力。

然而，有学者对以人口集中程度为依据的传统城镇化评判标准提出疑问。他们认为，应从经济增长、社会生活、人口集聚和空间扩张等多角度重新定义城镇化，特别强调从生活方式、价值理念和社会结构等层面去审视未来的城镇化发展，突出强调城镇化发展与生态环境保护协同发展。

综上所述，本研究中的城镇化是一个囊括经济、人口、土地和社会等多维特质、多系统交融的复合概念，外在表现为经济发展、人口集聚、土地扩张和社会进步等多种具体形态，是经济城镇化、人口城镇化、土地城镇化和社会城镇化共同构筑的总体，并以满足人民群众日益增长的高品质生活空间追求为目标导向。这与以城镇常住人口占总人口比重作为判断依据的传统城镇化概念有所不同。

(二)城镇化进程的发展阶段及特征

1979 年，美国城市地理学家雷·M. 诺瑟姆(Ray M. Northam)在总结欧美等发达国家城镇化发展实践经验基础上，在其编著的《经济地理》一书中提出了著名的"诺瑟姆曲线理论"。诺瑟姆曲线理论认为，欧美等发达国家城镇化过程大多经历了正弦曲线上升的过程，即呈现明显的变体 S 形，并结合实际将西方城镇化发展阶段划分为起步阶段、加速阶段和稳定阶段(见图 2.1)。

第一阶段为起步阶段，城镇化水平低于30%，该阶段城镇化发展水平较低，发展速度较为缓慢，传统农业经济占据主导地位，人口大多居住在农村地区，城镇地区人口数量相对较少；

第二阶段为加速阶段，城镇化水平介于 30%~70%，该阶段城镇化发展速度较快，相比之前城镇化水平不断提高，主要是由于工业化带动城镇地区经济发展，第二产业和第三产业兴起，并逐渐占据主导地位，城镇地区劳动力需求旺盛，大量农村剩余劳动力开始向城镇地区转移；

第三阶段为稳定阶段，城镇化水平大于70%，该阶段城镇化增长趋缓，原本旺盛的劳动力需求不断减少，局部地区甚至出现人口外溢问题，流向地多是一些远离城镇的农村地区，产生所谓“逆城镇化”现象。

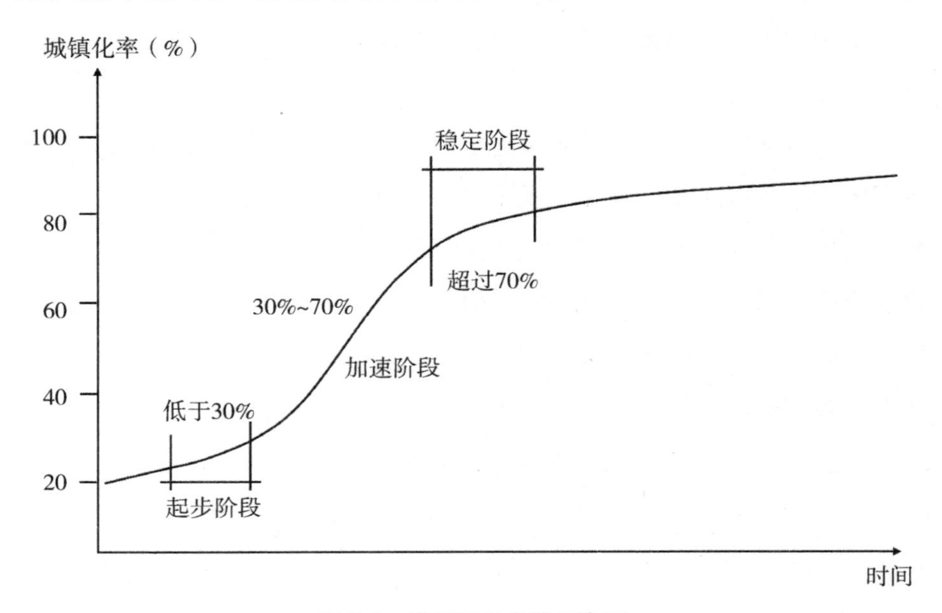

图 2.1　诺瑟姆 S 曲线示意图

(三)城镇化中的生态环境安全危机

城镇化是一把“双刃剑”，在带动经济发展的同时，也会对生存环境带来负面影响，从而导致城镇化与生态环境之间的矛盾愈演愈烈。因此，在总体国家安全观新发展理念背景下，认清城镇化进程中的生态环境问题，防范化解可能危及生态环境安全的风险挑战，成为未来城镇化高质量发展的重要方向。城镇化对生态环境的胁迫表现在：

首先，经济城镇化驱动企业扩大占地规模和资源消耗，特别是煤炭、石油和天然气等传统化石能源消费增加，导致排放更多的氮氧化物、硫氧化物和碳氧化物等大气污染物以及水污染和固体废弃物等，危及生态环境安全。其次，人口城镇化吸纳更多农村剩余劳动力资源进入城镇，城镇地区人口密度提高，生态环境所承担的压力也就随之增加，对生态环境安全的胁迫效应不断增强。再次，土地城镇化使得城镇建设边界不断外延，对城镇土地的利用程度也在提高，严重挤占城镇绿地空间，造成绿地面积严重不足。与此同时，城镇交通基础设施建设，也占用了大量的城镇公共空间，给生态环境安全带来巨大压力和挑战。最后，社会城镇化虽然提高了人民群众的生活质量和消费水平，但也意味着对生态环境的索取程度不断加大、速度加快，使原本脆弱的生态环境不堪重负。

三、生态环境风险与生态环境安全

(一) 生态环境风险概念界定

生态环境风险是国家安全的重要组成部分，并作为非传统安全因素纳入总体国家安全观，是危及人类社会可持续发展的全球性问题。2018年5月，习近平总书记在全国生态环境保护大会上提出，要把生态环境风险纳入常态化管理，建立全过程、多层级生态环境风险防范体系。这说明，生态环境风险已引起我国最高领导层的重视。生态环境风险之所以受到如此重视，主要原因在于我国经济长期高速发展对自然资源过度索取，造成生态破坏和环境污染问题严重，各类风险隐患、事故呈多发态势，已严重超过自然生态环境承载力。如长江流域"化工围江"、太湖"蓝藻事件"以及河北省承德县搭梁沟矿山野蛮开采事件等。面对这些长期累积的安全隐患，以及长期、复杂、潜在的生态环境风险，处理稍有不慎，极有可能引发严重的群体性事件，甚至造成人员财产损失，危及总体国家安全大局。

党的十八大以来，我国社会主义现代化建设进入新常态、新时期、新阶段，大力推动生态文明建设，降低经济发展过程中对自然资源和生态环境依赖度，促进生态环境风险治理体系和治理能力现代化，已经成为推动我国经济社会高质量发展的关键。党的十九大报告中提出，更加自觉地防范各种风险，通过生态文明制度建设解决生态环境领域突出风险矛盾。2020年3月，生态环境部发布《生态环境健康风险评估技术指南 总纲》(HJ 1111-2020)，对生态环境风险评估一般原则、程序、内容、方法和技术标准等予以明确规定。2021年3月，《中华人民共和国国民经济和社会发展第十四个五年规划和2035年远景目标纲要》指出，防范化解生态环境风险是持续改善环境质量、推动绿色发展和促进人与自然和谐共生的重要内容。2022年10月，党的二十大报告也明确指出，坚决维护国家安全，防范化解重点领域风险，尤其在生态环境领域，更应该从源头上化解各种安全风险，以保障人民群众生命财产安全。

目前，学者们对生态环境风险的研究主要以定性分析为主，定量分析不足，尤其是关于生态环境风险的理论分析体系还未完全建构，特别是在基本概念、分析框架和评价方法等方面存在明显短板。如贺培育和杨畅(2008)提出，生态环境风险是生态安全的一部分，是人类生产生活和各种自然生态系统共同作用的结果。夏光(2015)认为生态环境风险指将来可能发生的生态环境问题及其影响后果，反映了现实挑战和未来趋势。

在借鉴毕军等(2006)、Cao等(2019)、鲁长安和王宇(2019)等的研究成果基础上，本研究认为，生态环境风险是指经济社会发展过程中由矿场开采、资源占用和工业发展等对生态环境造成的长短期影响。特别是与人类发展紧密相关的水体富营养化、土壤重金属污染、大气污染、突发生态环境事件和矿产资源开采(煤炭、石油和天然气)等方面，都是引发生态环境风险的重要原因。这些内容不仅涉及人们日常生活的方方面面，而且与工业、交通运输等重点行业存在千丝万缕的关系，具有极其复杂的结构性特征。这也就决定了对于生态环境风险的理解，不能仅仅停留在单一维度层面，而应从生态环境本身出发，科学分析破坏生态环境的风险压力，掌握影响生态环境风险的表征要素，进而通过治理的方式合理管控生态环境风险（刘苗苗等，2019；徐鹤等，2019）。

（二）生态环境风险评价发展演变

生态环境风险评价是生态风险评价在生态学和环境科学方面的延伸，属于风险管理研究范畴，是当前资源环境领域研究的热点。因此，关于生态环境风险评价发展演变的研究，应首先基于生态风险评价的发展历程进行梳理。

生态风险评价研究起源于20世纪30年代，但直到20世纪90年代初期才被美国国家环保局（USEPA）在*Framework for Ecological Risk Assessment*报告中正式提出。该报告将生态风险评价步骤分解为：提出问题、资料分析和风险表征三部分，主要用于估计个体污染物影响生态系统或至少影响其某些方面的可能性，并按照风险、来源、受体的不同构建相关评价指标体系。

20世纪80年代，生态风险评价进行人体健康评价阶段，主要是将人作为风险受体，并采用毒理分析等方法对环境污染物可能影响人类身体健康的风险要素进行分析。

20世纪90年代，生态风险评价主要是以生态系统及组成部分作为受体对象进行评价，风险评价因素更加多元，并逐渐从单因子向多因子方向转变，开始更多关注种族、群落和流域景观等多种评价受体。

20世纪90年代至21世纪初，生态风险评价开始转入以区域为受体的风险评价阶段，主要分析评价人类活动、环境污染和生态破坏以及自然灾害等对人类生存生活可能带来的不利性及影响程度。

目前，越来越多学者开始将研究重点集中在以生态环境风险评价为目标的系统性风险评价，评价受体对象越来越广泛，不仅有自然因素、生态因素、环境因素，还有社会经济因素等，评价过程逐渐规范和丰富，既有大范围研究区域的分析界定，也有风险源和风险要素识别、暴露和危害分析等内容。据此发现，生态环境风险评价已经成为生态风险评价进入新发展阶段的重要趋向。

（三）生态环境风险评价内容及方法

目前，生态环境风险评价内容主要包括：①水生态环境风险评价，主要是基于有毒化合物和营养富集开展分析评价；②以土地为代表的景观生态环境风险评价，主要是根据土地开发程度、结构和规模，以及综合考虑自然经济、社会等因素，通过对评价受体表征生态过程及其内部状态进行定量测度的方法，分析评价其生态环境风险发展程度；③工矿区生态环境风险，主要是通过对工矿区土壤中重金属含量并结合运用GIS技术，对工矿区生态环境风险进行定量分析（巫丽芸，2008；田玲等，2013；农潭等，2017）。

生态环境风险评价方法包括：①评价景观生态环境风险的方法包括相对风险模型、熵值法、暴露响应法、危害评价法、因子评价法、风险源识别法、多准则决策法、ERI模型、HQ模型、SSD模型和PERA模型；②评价工矿区生态环境风险的方法主要是地累积指数法、潜在生态危害指数法和TCLP模型；③评价水生态环境风险的评价模型包括DPSIR模型、P-IBI指数法等；④评价区域生态环境风险的方法主要是生态环境风险指数法。

（四）生态环境风险与生态环境安全的逻辑关系

厘清生态环境风险与生态环境安全的逻辑关系，必要前提是区分“风险”和“安全”概念的不同之处。根据国家市场监督管理总局和国家标准化管理委员会发布的《风险管理 术语》(GB/T 23694-2013)，将“风险”明确定义为不确定性对目标的影响，风险的不确定性说明其是独立于人的意识之外、不以人的意志为转移，即具有客观性。对于“安全”概念，《职业健康安全管理体系 要求》(GB/T 28001-2011)也给出了明确解释，即“免除了不可接受的损害风险的状态”。究其含义本身而言，风险的客观属性决定了其不可被免除，而安全则是根据风险大小及其受损害状态来界定的。由此发现，风险与安全的关系，是一种包含与被包含的关系，风险的范畴较为宽泛，而安全概念则是在风险概念基础上产生的。由于前文已将生态环境风险界定为经济社会发展过程中由矿场开采等对生态环境造成的长短期影响，当矿场开采等不利行为由不确定事件演变为既定事实后，即产生所谓的生态环境损害，就会对一个国家或地区长期存在的稳定、不受威胁的状态产生胁迫，进而演变为生态环境安全问题。由此观之，生态环境风险是影响生态环境安全的不安定因素，但生态环境安全并不意味着没有生态环境风险，只是在可承受范围之内。因此，从生态环境安全角度加强对生态环境风险相关问题的研究，一方面有利于保持生态环境安全稳定的状态不受影响，另一方面还有助于及时防范化解生态环境领域突出风险矛盾，筑牢生态环境安全底线。

第二节 城镇化对生态环境风险的影响机制

一、城镇化对生态环境风险的直接影响机制

城镇化是社会发展进步必然趋势，也是推动经济发展和提升人民群

众生活质量的重要路径，但在发展过程中，会造成人口剧增、环境污染、生态破坏和交通拥堵等问题。这些问题的产生，一方面造成城镇化发展质量下降，另一方面又会产生巨大的风险危机，影响人民群众生命健康。以长江经济带为例，2020 年末城镇人口总数约为 3.83 亿人，占全国城镇人口总数的 42.46%，是我国城镇化的重心和活力所在。然而，长江经济带城镇人口的大规模增加，首先带来的就是能源消费量的增加，而能源消费不可避免地会增加自然资源的开发利用规模，尤其是煤炭、石油和天然气等重要矿产资源。目前，长江经济带年能源消费量已超 18 亿吨标准煤，碳排放量 30.74 亿吨。能源资源的大量消费，导致氨氮、二氧化硫、氮氧化物等排放强度远超国家标准，造成长江经济带沿线生物多样性减少、环境污染严重，直接危及沿线生态系统安全和人民群众生命健康。

城镇化中对生态环境所产生的负面影响还体现在：①城镇规模扩大导致边界不断向外延展，占用大量宝贵耕地资源。长江经济带作为我国重要粮食主产区和商品粮基地，因城镇化发展而占用的耕地资源，大多是一些地势平坦、灌溉便捷和土地肥沃的农村土地，这些土地面积的减少，势必会影响到我国粮食安全。②城镇化进程中的工业、服务发展，产生大量的有害气体、工业废水和噪声，造成城镇生态环境负载过重，承载力日趋下降，影响城镇生态环境整体质量。③城镇化还可能造成植被、绿地被占用或破坏，城镇生态服务功能退化、环境容量降低。④城镇化发展同时也会产生交通拥堵、垃圾围城等问题，城镇公共服务设施与居民实际需求不匹配，社会城镇化发展程度与人民群众现实需求不匹配。该机制的逻辑关系如图 2.2 所示：

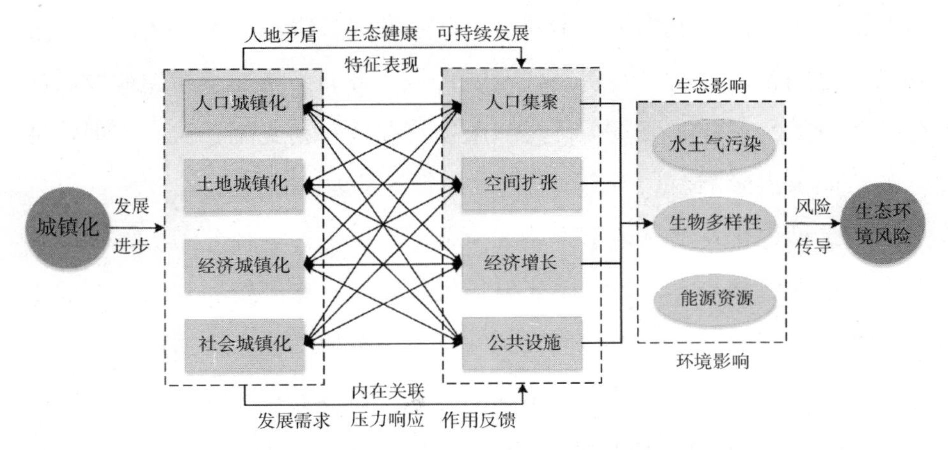

图 2.2　长江经济带城镇化对生态环境风险影响的直接影响机制

二、城镇化对生态环境风险的空间溢出机制

城镇化发展除了对生态环境风险产生直接影响，还会在空间上对邻近地区生态环境风险变化产生间接影响，学术界将这种间接影响称为空间溢出效应或间接效应。具体包括以下四方面：

一是城镇地区是生态环境风险来源地，同时也是支撑区域经济社会高质量发展的关键节点，在人才、技术、资金等方面优势明显。既可通过自身治理水平的提升减少区域生态环境风险，又可通过产业升级和技术改造等手段，促使城镇化发展中存在生态环境污染风险的产业在空间上转移，从而实现对周边地区的空间溢出效应。

二是城镇化发展的空间差异，使得物质流、能量流、信息流和技术流在不同流域之间流转，从而导致各种可能危害区域生态环境安全的不稳定因素在空间上流转、扩散，间接促使周边地区生态环境风险源生成和发展，风险源形成和转移，不可避免地对周边地区产生空间上的溢出影响。

三是随着人口大规模集聚和经济发展带动，城镇建设规模不断向外扩张，客观上搭建了流域内不同地区联系发展的平台，一方面既可以加强城乡之间密切程度，实现融合发展；另一方面又增加了超越地域的区际联系可能性，并在贸易、科技和市场等领域互动交流，从而实现跨地区的空间溢出影响。

四是城镇化发展有益于本地区与邻近地区更好进行分工协作，能够激发邻近地区参与本地区城镇建设积极性以获取更多发展利润，进而表现出明显的空间溢出作用。该机制的逻辑关系如图 2. 3 所示：

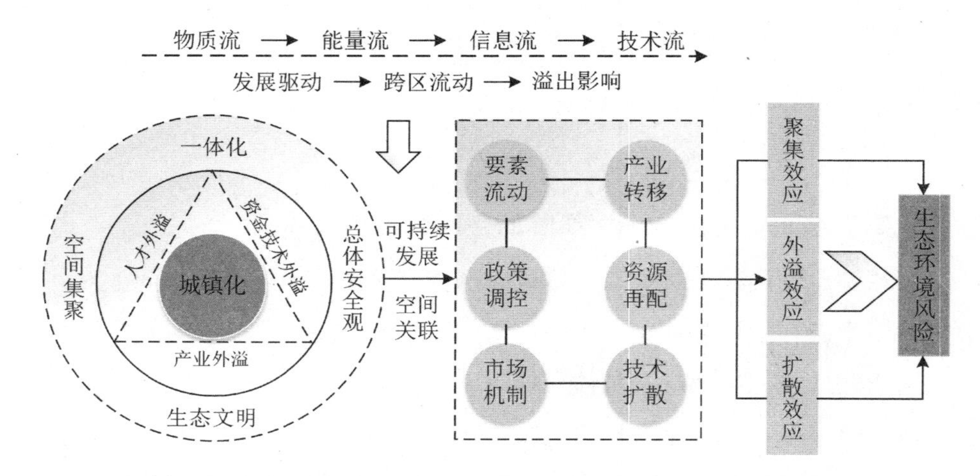

图 2. 3　长江经济带城镇化对生态环境风险影响的空间溢出机制逻辑关系

第三节　城镇化与生态环境风险的协同治理

一、城镇化与生态环境风险协同治理的提出

城镇化是现代文明的重要标志，生态环境则是人类社会生存发展的依托和根基，二者是一种相互影响、相互依存的关系。改革开放以来，

我国城镇化建设一路高歌猛进，在人口数量、建设面积和人口聚集度等方面发展势头良好。据统计，2021 年我国城镇化率达 64.72%，超 9 亿人口居住在城镇地区，建成区面积约 6.2 万平方米。然而，我们必须清楚看到，由大规模城镇建设而造成的资源约束趋紧、生态环境恶化、环境污染加剧等问题，一定程度上危及总体国家安全观。因此，如何防范化解城镇化过程中的生态环境风险，成为推进中国式现代化建设征程中亟待解决的现实问题。

从协同治理角度来看，城镇化发展建设与生态环境风险治理之间并不矛盾。城镇化发展的本质，实际上就是人对生态环境资源占有和改造的过程，也是人类对自身赖以生存的自然生态环境的认识与适应过程。过去，一些地方在城镇化建设中，忽视自然生态规律，以牺牲生态环境为代价获取经济利益，不仅大大降低了城镇应对自然灾害和风险危机的能力，而且造成巨大的人员和财产损失，使城镇化发展陷入巨大风险之中。因此，在今后城镇化建设中，应在尊重自然、顺应自然基础上，采取有计划、有节制的方式合理开展城镇建设，对于那些已经损害的生态环境应按照因地制宜原则开展保护修复，避免走“先破坏、后治理”的怪圈，最终实现城镇化发展与生态环境协同发展。

协同推进城镇化发展建设与生态环境风险治理是构筑国家生态环境安全格局，以及坚持总体国家安全观的重要体现。城镇化建设中的生态环境风险，特别是一些特定领域的风险隐患爆发，是常年累积的结果。固有的风险危机如果得不到有效解决，必然危及城镇化发展根本，产生诸如水土气污染、交通拥堵、城市内涝等灾害以及垃圾围城等问题，破坏城镇生产生活空间，影响城镇生态环境安全，这与总体国家安全观强调的人民安全至上的宗旨相违背。因此，协同推进城镇化与生态环境风险治理显得尤为迫切且具有现实必要性。

二、城镇化与生态环境风险协同治理的内在关联

城镇化与生态环境风险协同治理具有独特的关联属性。城镇化的过程，实际就是物质、能源和信息等要素在区域范围内交互关联、互相影响的演变过程，具有极其复杂的结构性特征。在此过程中，因城镇化发展而向生态环境排放了大量的污染物质，产生诸如大气污染、水污染和固体废弃物污染等一系列问题，不仅直接影响人民群众的生命健康安全，而且危及整个社会生态环境安全。一旦城镇化发展对生态环境安全产生胁迫，极易通过连锁反应引发生态环境风险，进而造成环境灾害、突发生态环境事件甚至严重的社会危机等风险，从而削弱城镇化发展韧性。从某种层面看，实现城镇化的不断迭代和升级，就必须充分重视生态环境的保护，不断调整和优化自身与生态环境的关系，有效规避发展过程中可能出现的风险危机，以实现二者的协同发展。

协同治理生态环境风险是防范化解重大风险危机的具体体现，有助于提升城镇治理水平和增强治理能力现代化。随着城镇化快速发展，人类社会正逐渐步入风险社会，它无处不在、无时不有，已成为无法回避的现实问题，也在深刻改变着城镇运行的逻辑规则与行为方式（乌尔里希等，2022）。众多无法预知的风险之中，既包括信息科技风险、社会管理风险，又包括灾害病毒传播风险，而生态环境风险只是众多风险种类的一种。生态环境风险的扩散和传播，没有严格的地域限制，这也就决定了对其治理不能局限于传统界别范围，即必须从协同治理角度，趋利避害地减弱风险，并以系统的方式处理由自身引发的危险和不安，最大限度消除其对现代城镇化发展的威胁，已经成为中国式城镇化发展中亟待解决的重大问题（严燕和刘祖云，2014；曹惠民，2015；范如国，2017）。

三、城镇化与生态环境风险协同治理行动主体

协同治理的实质就是在既定框架结构下系统要素之间相互配合、影响，并在时间、空间和网络结构上形成一定秩序的行动过程，涉及政府、企业和公民等多元主体。从这个角度看，推进城镇化与生态环境风险协同治理，离不开任何一方治理主体的共同参与，这是城镇化中生态环境风险治理体系和治理能力现代化的内在要求（翟坤周，2016；张永生，2020；王冠军，2020）。

政府在协同推进城镇化与生态环境风险治理中起主导作用。生态环境风险作为非传统安全的重要组成部分，其核心本质是一种特殊的公共产品。众所周知，公共产品具有非竞争性和非排他性，并以实现人与自然协同发展为根本发展方向。因此，城镇化与生态环境风险的协同治理，必须充分发挥政府的核心主体作用。一方面，统筹城镇化发展与生态环境风险治理，是一件巨大的系统工程，包括跨区资源优化配置、公共事务协调和财政支持等多项内容，这也就决定了必须拥有强大公共属性的主体才能够主导推进，而政府正是这一主体的典型代表；另一方面，协调推进城镇化与生态环境风险协同治理是政府职能的重要内容。政府的主要职能就是保护人民群众的生命财产不受侵害，这是政府合法性的基础。政府有责任对公共事务进行治理，并依靠自身强制性对破坏公共事务的行为采取制裁措施。

企业是城镇化与生态环境风险协同治理不可或缺的组成部分。企业是城镇化发展的活力源泉，城镇化发展不可避免地向生态环境排放污染物，产生风险在所难免。因此，企业在生产经营过程中，应聚焦国家“双碳”战略目标，并以实现减污降碳协同增效为总抓手，不断调整优化企业能源消费结构，积极探索企业减污降碳路径，不断减污降碳，以

企业绿色转型促进经济社会绿色发展(钱易，2016)。

公民在统筹城镇化发展与生态环境风险治理中扮演着践行者角色。强调公民在城镇化与生态环境风险治理中的责任意识，有助于健全公民的生态环境权利，增强其参与城镇化发展建设的积极性，进而通过自身或家庭消费结构和生活方式的调整，减少对城镇化发展的影响和生态环境风险(于立，2016；张扬和师海猛，2022)。

四、城镇化与生态环境风险协同治理政策

在总体国家安全观顶层框架下，协同治理政策是城镇化与生态环境风险共同发展的主要影响因素，其目标是通过财政、产业、社会等政策的制定和实施，引导社会资金投入，调整产业发展结构，优化社会消费方式，解决城镇人口集聚、土地利用、产业发展和能源消耗对生态环境的影响，为构建生态环境安全格局提供决策支撑。

从政策主体角度看，城镇化与生态环境风险相关政策的制定主要是中央政府和地方政府。中央政府政策主要侧重从宏观角度调控城镇化与生态环境风险的协调关系，旨在通过优化城镇化发展中的产业结构、空间拓展、消费方式和能源消费，减少城镇化发展给生态环境带来的风险，以规避由于资源过度开发、污染物排放等对生态环境的破坏；地方政策主要侧重从微观角度落实中央政府宏观政策，并结合本地实际情况调控经济发展方式、优化土地和人口结构规模、合理建设公共基础设施以及促进产业合理布局等，目的在于提升城镇化发展质量，正确处理城镇化发展可能产生的生态环境风险，以及协调二者间的矛盾关系，以城镇的高质量发展助推生态环境安全建设。

第四节　本章小结

从总体国家安全观角度看，本章首先分析了区域经济发展、城镇化与生态环境安全的基本概念、发展脉络和模式特征等内容，并基于生态环境安全现实考量，阐述了生态环境风险的含义特征、演变历程、评价方法及其与生态环境安全辩证关系等。其次，从直接影响和空间溢出两个角度，探究了城镇化对生态环境风险的影响机制。最后，研究了城镇化与生态环境风险协同治理的提出缘由、内在关联、行动主体和政策制定等内容。本章的主要目的是阐明城镇化对生态环境风险的影响机理，厘清城镇化与生态环境风险协同治理的深层逻辑联系，从而为后文实证分析提供充足的理论支撑，因而有着重要的理论价值和现实意义。

第三章　长江经济带城镇化及其生态环境风险现状分析

第一节　长江经济带概况

一、经济现状

长江经济带发展规划是习近平总书记亲自部署、亲自谋划、亲自推动的重大决策部署和重大国家战略，他先后三次深入长江一线考察调研并主持召开专题座谈会(见表3.1)，其重要性不言而喻。作为我国经济密度最大、产业基础最好、综合优势最强的流域经济体，长江经济带在人才、科技、交通以及市场等方面优势凸出，生态要素集聚、创新主体活跃、新旧产业交织、经济形态多样，是我国经济重心所在和活力所在，是打造区域发展新样板和生态文明示范区，实现高质量发展的重要“增长极”。

表3.1　习近平总书记考察长江经济带脉络梳理

考察时间	考察地区	召开会议	主要内容
2016年1月5日	重庆	推动长江经济带发展座谈会	共抓大保护，不搞大开发

续表

考察时间	考察地区	召开会议	主要内容
2018年4月26日	湖北、湖南	深入推动长江经济带发展座谈会	生态优先、绿色发展
2020年11月14日	江苏	全面推动长江经济带发展座谈会	生态优先绿色发展主战场、畅通国内国际双循环主动脉、引领经济高质量发展主力军

数据来源：作者根据公开资料整理绘制。

长江经济带横跨我国东中西三大区域，自上而下覆盖我国九省二市，覆盖上游地区（渝、川、贵、云）、中游地区（鄂、湘、赣）和下游地区（沪、苏、浙、皖）①，总面积约为205.23万平方公里，经济总量、人口规模占据我国的“半壁江山”。至2020年末，长江经济带GDP总规模达47.16万亿元，占全国的46.53%；实际GDP增速约为2.9%，高于全国的2.2%；人均GDP约为7.91万元，是全国平均水平的1.09倍（全国约7.24万元），具体见表3.2。

表3.2　2020年长江经济带沿线省市GDP、增速和人均GDP

地区	GDP（亿元）	GDP增速（%）	人均GDP（元）
上海	38700.58	1.7	155768
江苏	102718.98	3.7	121231
浙江	64613.34	3.6	100620
安徽	38680.63	3.9	63426
江西	25691.50	3.8	56871
湖北	43443.46	-5.0	74440
湖南	41781.49	3.8	62900

① 如无特殊说明，本研究所绘图表中的长江经济带沿线省份按照上海、江苏、浙江、安徽、江西、湖北、湖南、重庆、四川、贵州、云南的顺序排列。

续表

地区	GDP(亿元)	GDP 增速(%)	人均 GDP(元)
重庆	25002. 79	3. 9	78170
四川	48598. 76	3. 8	58126
贵州	17826. 56	4. 5	46267
云南	24521. 90	4	51975
长江经济带	471580	2. 9	79072
全国	1013567	2. 2	72447

数据来源：作者根据《中国统计年鉴》(2021)公布数据整理绘制。

二、社会发展

近年来，长江经济带在社会民生方面发展势头迅猛，截至 2020 年末，长江经济带人口总数已达 6. 06 亿人(其中，男性 3. 1 亿人，女性 2. 96 亿人)，约占全国的 42. 99%，分别是珠三角地区、环渤海经济区和全国其他地区人口的 4. 81 倍、2. 38 倍和 1. 43 倍，是我国人口集聚规模最大的地区。详见图 3. 1。

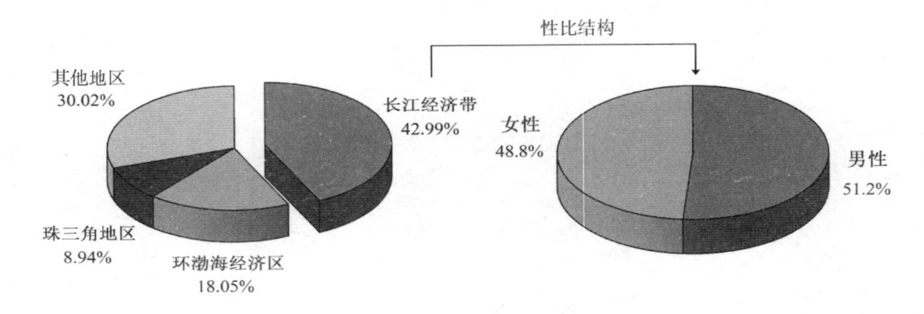

图 3. 1　长江经济带人口结构与全国其他地区对比情况

数据来源：作者根据《中国统计年鉴》公布数据整理绘制。

在粮食产量方面，长江经济带的江汉平原、中下游地区的平原和上游地区的成都平原等，地势平坦，土壤肥沃，雨水充足，是我国重要的粮食生产基地。据统计，2020 年长江经济带农作物播种面积约 6.63×10^5 平方千米，占全国的 39.57%；粮食播种面积 4.22×10^5 平方千米，占全国的 36.15%；粮食总产量达 2.39 亿吨，占全国的 35.72%。

在收入方面，长江经济带居民可支配收入高于全国平均水平。至 2020 年底，沿线 11 省市人均可支配收入 3.49 万元，超过全国平均收入 3.22 万元。

在交通运输方面，长江经济带沿线地区立足自身优势，不断加强自身交通基础设施建设，已形成铁公机水"四位一体"的立体综合交通运输格局。据统计，长江经济带现有内河通航里程 90833 公里(沿线万吨级泊位 454 个，泊位总数 17297 个)，高等级航道总里程约 10000 公里(交通运输部，2021；国家统计局，2021)；拥有武广高速铁路、成渝高速铁路和襄渝普速铁路、成昆普速铁路等，高铁通车里程 15400 多公里、普速铁路 44620 公里(国家发改委，2021)，特等站数量 24 个；流域内 4F 级机场 9 个，航线基本覆盖国内主要大中型城市、全球主要国家和地区；城乡公路通车里程 2247184 公里，占全国的 43.2%(见表 3.3)。

表 3.3　长江经济带交通运营里程及站点情况

交通运输方式	运营里程(公里)	主要站点(线路)
内河航运	90833	三峡、葛洲坝、武汉新港码头等
铁路	60020	武广高铁、成渝高铁、襄渝铁路等
航空	/	浦东机场、禄口机场、天府机场等
公路	2247184	沪渝高速、沪蓉高速等

数据来源：作者根据交通运输部等部门公布数据整理绘制。

除此之外，长江经济带沿线地区大专院校、科研院所等资源丰富，科技创新比较优势凸出。据统计，长江经济带拥有武汉大学、华中科技大学、四川大学和上海交通大学等国内外知名高校，其中一流高校和一流学科 61 个，约占全国的 41.5%(见表 3.4)。围绕科技创新，近年来长江经济带在新材料、电子信息、高端装备制造、生物医药、大健康产业和工业互联网等新产业持续发力、走在全国前列，科技创新对经济发展带动作用明显。以 2020 年专利申报和技术市场为例，长江经济带沿线地区专利申请数 237.9 万件，占全国的 47.2%；获批授权专利 164.7 万件，占全国的 46.8%。技术市场成交额达 10030.6 万亿元，占全国的 35.5%，传统教育大省如湖北、江苏、上海名列前茅。毫无疑问，长江经济带已经成为我国重要的技术创新策源地(见图 3.2)。

表 3.4 长江经济带“双一流”建设高校及建设学科情况

地区	一流大学(学科)	总数量
上海	一流大学 4 个：复旦大学、同济大学、上海交通大学、华东师范大学 一流学科 10 个：华东理工大学、东华大学、上海海洋大学、上海中医药大学、上海外国语大学、上海财经大学、上海体育学院、上海音乐学院、上海大学、海军军医大学	14
浙江	一流大学 1 个：浙江大学 一流学科 2 个：宁波大学、中国美术学院	3
江苏	一流大学 2 个：南京大学、东南大学 一流学科 14 个：南京航空航天大学、南京理工大学、南京邮电大学、河海大学、南京信息工程大学、南京林业大学、南京农业大学、江南大学、南京中医药大学、中国药科大学、南京师范大学、中国矿业大学、南京医科大学、苏州大学	16
安徽	一流大学 1 个：中国科学技术大学 一流学科 2 个：安徽大学、合肥工业大学	3
江西	一流学科 1 个：南昌大学	1

续表

地区	一流大学(学科)	总数量
湖北	一流大学 2 个：武汉大学、华中科技大学 一流学科 5 个：中国地质大学(武汉)、华中师范大学、华中农业大学、中南财经政法大学、武汉理工大学	7
湖南	一流大学 1 个：湖南大学 一流学科 4 个：国防科技大学、中南大学、湖南师范大学、湘潭大学	5
重庆	一流大学 1 个：重庆大学 一流学科 1 个：西南大学	2
四川	一流大学 2 个：四川大学、电子科技大学 一流学科 6 个：西南交通大学、成都理工大学、四川农业大学、成都中医药大学、西南财经大学、西南石油大学	8
云南	一流大学 1 个：云南大学	1
贵州	一流学科 1 个：贵州大学	1

数据来源：作者根据教育部、财政部和国家发改委公布的《关于公布第二轮“双一流”建设高校及建设学科名单的通知》整理绘制。

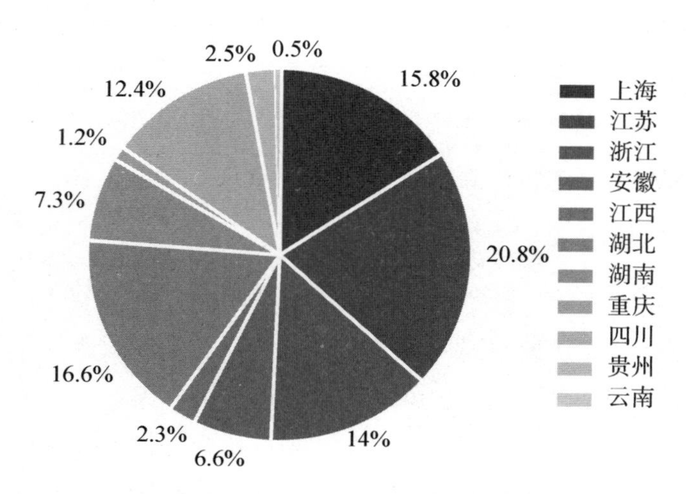

图 3.2　2020 年长江经济带授权专利及技术服务市场成交额

三、资源环境

(一)矿产资源

长江经济带是我国矿产资源核心源产地，肩负着保障国家能源安全的重担(成金华和彭昕杰，2019)。作为具有典型地理梯度的空间单元，长江经济带横跨我国三大阶梯，地质环境复杂、多样，且经过亿万年地质构造演变，蕴藏着丰富的页岩气、锰、钒、钛、钨、锡、锑、稀土、锂、磷等矿产资源，主要分布在四川、重庆、云南、贵州、湖南、湖北和江西等地。其中，四川长宁、重庆涪陵以及云南昭通等地，是我国页岩气资源富集区，探明储量占我国页岩气总储量的七成以上。除此之外，川渝地区的宣汉—巫溪一线，四川盆地西南部的美姑—五指山一带，以及江汉平原地区的荆门地区蕴含着丰富的页岩气资源，有待进一步勘探挖掘。云南有色金属矿藏种类多、资源丰富，已探明矿产 143 种，其中 83 种已探明矿产储量，铅、锌、锡矿产的保有量常年位居全国第一，其他如铁矿石、锰矿和煤矿、钾矿等矿产产量都位居全国前列，是当之无愧的“有色金属王国”。江西铜、钨、稀土资源丰富，德兴铜矿是我国最大的矿产基地，赣州地区生产的稀土资源占全球的 70%，九江地区的大湖塘钨矿是世界最大钨矿等(江西省自然资源厅，2022)。

(二)能源消费

由于长江沿线部分省市年度能源数据残缺以及获取较为困难，同时综合考虑疫情、国内外复杂形势等因素影响，为真实反映长江经济带能源消费情况，本小节使用 2019 年能源消费数据作为参照，数据来源于《中国统计年鉴》(2020)。到 2019 年，长江经济带沿线地区能源消费量为 175728 万吨标准煤，约占全国能源消费总量的 36.2%。其中，煤炭消费量 122418.6 万吨，石油消费量 23573.4 万吨，天然气消费量

1133.7亿立方米，分别占全国水平的26.5%、40.7%、39.1%（图3.3）。可以看出，目前长江经济带能源结构以煤炭和石油等传统能源为主，天然气等清洁能源占比较少，能源消费结构偏重问题突出。长江经济带能源结构偏重的主要原因是沿江地区集聚大量的能源化工、冶金建材和加工制造等重化工企业，对能源，尤其是以煤炭、石油等传统能源的需求量和消费量巨大，而对清洁能源需求和消费量相对有限，能源结构偏重偏化问题一时间难以解决。因此，在“2030碳达峰、2060碳中和”战略背景下，亟须通过调整优化能源消费结构，不断减少以煤炭、石油等传统化石能源消费，逐步扩大清洁能源供给和消费，进而以能源的清洁化倒逼产业结构转型升级、消费升级和经济绿色发展，以此助推长江经济带高质量发展。

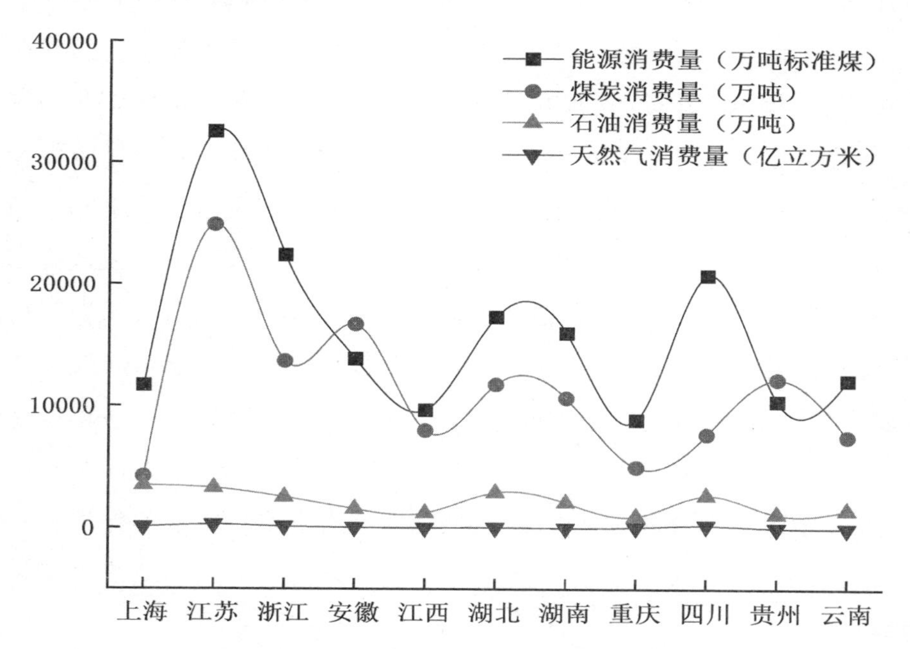

图3.3 长江经济带能源、煤炭、石油和天然气消费量情况

数据来源：作者根据公开资料整理绘制。

(三)生态资源

长江自然生态资源丰富，拥有得天独厚的生态系统，是我国重要的生态宝库和生态安全屏障。长江流域山水林田湖草浑然一体，跨越我国三大阶梯，高原、山地、丘陵、盆地和平原自西向东，呈“阶梯状”分布；以亚热带季风气候为主，夏季高温多雨、冬季低温少雨；林草丰茂，流域森林覆盖率超43%；物种丰富，珍稀濒危植物(154种)占全国的39.7%，淡水鱼类(350多种)占全国的33%，是金丝猴、大熊猫、中华鲟等珍稀水陆生动物栖息地，以及银杉、水杉等珍稀植物生长地；拥有八大支流分属五大水系，三峡大坝是世界上最大的水利水电工程，长江中下游湿地是我国最大的自然和人工复合生态系统，河湖、水库、湿地面积约占全国的20%(水利部长江水利委员会，2022)。

长江流域生态环境突出问题“病状在水里、病灶在岸上、病根在结构”(李翀等，2022)，存在管理细碎化、局部失衡、沿江工业偏重偏化等问题。为此，2016年，中共中央、国务院印发《长江经济带发展规划纲要》，要求围绕水土气开展保护修复，标志着长江生态环境保护修复已经上升为国家意志；2017年，生态环境部、国家发改委和水利部联合发布《长江经济带生态环境保护规划》，提出长江生态环境保护修复六大重点任务；2019年，生态环境部、国家发展改革委联合印发《长江保护修复攻坚战行动计划》，对实施长江生态环境保护的重要任务制订了路线图和时间表；2021年，《中华人民共和国长江保护法》(以下简称《长江保护法》)正式实施，意味着保护长江有了法律依据。这些规划、法律的实施，为长江生态环境修复保护提供政策保障。

第二节　长江经济带城镇化演变历程与现状特征

一、演变历程

（一）低速发展期（1949—1977年）

新中国成立初期至改革开放前夕，长江经济带城镇化发展呈现低速增长态势，但整体发展较为缓慢，甚至在局部年份出现“逆城镇化”现象，这主要是不稳定的社会经济局势、严格的户籍制度和社会变革等因素共同导致的。一是在1949—1958年，政府为保证城镇正常运转以及恢复受战争影响的工业，对城乡人口流动采取相对开放态度，部分农村人口正是在这一时期进入城镇。长江经济带作为我国人口密集区以及经济重心，在新中国成立初期城镇化得到一定程度的发展，但随着1956年社会主义三大改造完成、1958年《中华人民共和国户口登记条例》出台以及户籍制度的建立，城乡居民原本自由流动的格局被打破，彼此间被限制在相对固定的生产单元，城镇化发展陷入停滞状态。二是随着20世纪60年代初期全民大炼钢、“大跃进”运动的兴起，长江经济带沿线的武汉、南京和重庆等地重工业进一步发展壮大，吸纳了大量农村转移劳动力，短期内城镇化水平得以提升。然而，受三年严重困难及当时生产技术限制，刚刚打开的工业发展局面陷入困境，城镇化发展也遭受较大影响，大批进城农村劳动力不得不返回农村。三是20世纪60年代中后期开展的“三线建设”导致大量重工业搬迁至西北、西南地区，分散分布，长江经济带沿线城镇地区工业发展也深受影响，城镇化发展进入低谷。加之受“文革”以及知识青年“上山下乡”运动影响，长江经济带出现小幅度“逆城镇化”现象。

（二）动态上升期（1978—2013 年）

这一时期长江经济带城镇化发展迅速，城镇化水平不断提升，呈现较快增长态势，由 1978 年的 12.85%涨至 2013 年的 54.41%，年均增长率 4.09%。这时期城镇化得以迅猛发展的主要原因：一是改革开放释放出的政策红利带动农村生产力水平提高，大量劳动力从繁重的体力劳动中解放出来，极其渴望进入城镇谋求新发展，但城镇经济社会发展对农村转移劳动力的吸纳能力是有限的，同时还受户籍制度和就业政策影响，农村转移劳动力进入城镇化发展的道路极其狭窄。二是进入 20 世纪 80 年代中期，随着我国经济社会改革重心转向经济领域，特别是长江下游地区乡镇企业的迅速崛起，吸纳大量农村剩余劳动力，从而带动沿线小城镇化发展，产生了“离土不离乡”的“亦工亦农”现象，学者们将这种现象称为“自下而上”的农村城镇化。三是分税制改革背景下，地方政府普遍存在“唯 GDP”论成败的狭隘政绩观，纷纷通过出售土地方式获取出让金满足自身发展的资金需求，客观上也加速了长江经济带城镇化发展。

（三）高质量发展期（2014 年至今）

随着长江经济带发展战略正式上升为国家战略，未来城镇化的发展不能停留在单纯土地空间扩张或人口数量增加上。越来越多地方政府开始调整城镇化发展思路，积极探索“以人为核心”的城镇化建设道路，更加注重解决农村进城人员在医疗保障、子女教育、养老等方面的问题。在此背景下，2016 年，中共中央、国务院印发《长江经济带发展规划纲要》，其中提出，要在坚持以人为本前提下推进沿江城镇化发展，构建以城市群为主体形态的城镇化战略格局。与此同时，国务院办公厅又出台《推动 1 亿非户籍人口在城市落户方案》和《居住证暂行条例》，这些纲要和政策的出台，为长江经济带城镇化提供了强有力的政策支撑。总的来看，该阶段长江经济带城镇化发展特点：一是以城市群为载体推进城镇化建设；二是注重解决城镇化发展过程中的不平衡不充分问题，特别是一些城镇存在的生态破坏、环境污染等“城市病”问题；三是强调城镇间协同发展。

二、现状特征

长江经济带是我国城镇最密集的地区。据统计，目前长江经济带共有 110 个地级市、1063 个县，拥有长三角城市群、中游城市群和成渝城市群，城镇居住人口达 3.832 亿人，城镇化率 64.07%，城镇建成区面积 34847.4 平方公里，平均人口密度 3257 人/平方公里（宁吉喆等，2021）。围绕长江经济带城镇化发展中的人口规模、城镇化率、城镇建成区面积和人口密度等，可将长江经济带城镇化发展现状归纳为以下三方面：

一是城镇人口规模呈逐渐增长态势，上游地区城镇人口增长较快。2010 年，长江经济带城镇人口约为 2.74 亿人，但到了 2020 年该区域城镇人口总数已经达到 3.83 亿人，增长了将近 1.4 倍。具体来看，长江经济带城镇人口主要集中在下游地区，以 2020 年为例，长江上游地区（重庆、四川、贵州和云南）城镇人口 1.14 亿人，中游地区（江西、湖南和湖北）城镇人口 1.02 亿人，下游地区（上海、江苏、浙江和安徽）1.67 亿人。相比 2010 年来看，长江经济带各地区及其城镇人口增速为上游地区（51.14%）>下游地区（36.55%）>中游地区（30.03%）。

二是城镇化水平呈现典型的“东高西低”现象，流域间差距逐渐缩小。总体上，长江经济带城镇化水平自下而上逐渐降低，下游地区的上海是整个流域经济带城镇化发展水平最高的地区（88.9%），已进入城镇化相对高级阶段。而上游地区的四川、云南和贵州等地的城镇化普遍低于流域平均水平，其中2020年云南的城镇化率仅为50.05%，是全流域的最低水平。但本书研究发现，长江经济带流域间的城镇化差距却在不断缩小。以2010年为例，长江经济带城镇化最高地区(上海，88.9%)是最低地区(贵州，33.81%)的2.63倍，但至2020年，这个差距则变为1.78倍，在长江经济带整体城镇化水平提升的同时，地区间的城镇化差距虽然明显，但这种差距正在逐渐缩小。

三是上游地区城镇建成区规模不断扩大，人口集中程度高、密度较大，而中下游地区发展相对缓慢，人口密度整体小于上游地区。2010—2020年，上游地区重庆、四川、贵州和云南建成区面积分别增长了3.49倍、1.69倍、4.22倍和8.65倍，整体高于全流域增长平均值。除湖南外，中游和下游地区的省份增长数值普遍低于平均值，城镇建设整体发展较为迟滞。而在人口密度方面，上游地区城镇人口密度3839.5人/平方公里，中游地区3212人/平方公里，下游地区2707.5人/平方公里，可以看出长江经济带上游地区城镇面对较大人口压力，这主要是因为长江经济带上游地区山地沟壑地形密集，城镇建设条件弱于中游地区和下游地区。

表3.5　长江经济带城镇化相关统计指标(2010和2020年)

地区	城镇人口（万人）		城镇化率（%）		建成区面积（平方公里）		城镇人口密度（人/平方公里）	
	2010	2020	2010	2020	2010	2020	2010	2020
上海	1254.95	2221.78	88.90	89.30	998.8	1237.9	3630	3830
江苏	4767.63	6225.51	60.60	73.44	3271.1	4786.8	2027	2240
浙江	3354.06	4667.96	61.63	72.17	2129.0	3157.2	1773	2105
安徽	2573.42	3561.05	43.20	58.33	1491.3	2409.9	2469	2655
江西	1966.07	2731.28	44.06	60.44	933.8	1648.1	4786	3545

续表

地区	城镇人口（万人）		城镇化率（%）		建成区面积（平方公里）		城镇人口密度（人/平方公里）	
	2010	2020	2010	2020	2010	2020	2010	2020
湖北	2846.13	3613.03	49.72	62.89	1701.0	1703.6	1929	4426
湖南	3069.77	3904.60	43.30	58.76	1321.1	5646.3	2992	1665
重庆	1529.55	2228.97	53.00	69.46	870.2	3040	1860	4994
四川	3231.28	4748.87	40.18	56.73	1629.7	2756.8	2743	2778
贵州	1174.78	2050.53	33.81	53.15	464.0	1959.4	3266	3677
云南	1601.80	2363.36	34.81	50.05	751.3	6501.4	3795	3909
长江经济带	27369.44	38316.94	50.29	64.07	15561.3	34847.4	2842	3257

数据来源：作者根据《中国统计年鉴》(2021)中数据整理绘制。

第三节 长江经济带城镇化中的生态环境风险现状分析

一、基本现状

(一)大气污染

2020年，长江经济带碳氧化物、硫氧化物、氮氧化物和烟粉尘的排放量分别为307438.99万吨、116.48万吨、536.18万吨、174.15万吨，分别占全国排放量的25.75%、36.60%、45.38%、28.39%(图3.4)。

从污染种类看，碳氧化物和氮氧化物是长江经济带大气污染主要种类，浓度超标，主要原因是长江经济带是我国经济发展增长极和人口密集区，工农业发展和人类生活对能源的消费需求量大，加之受到能源利

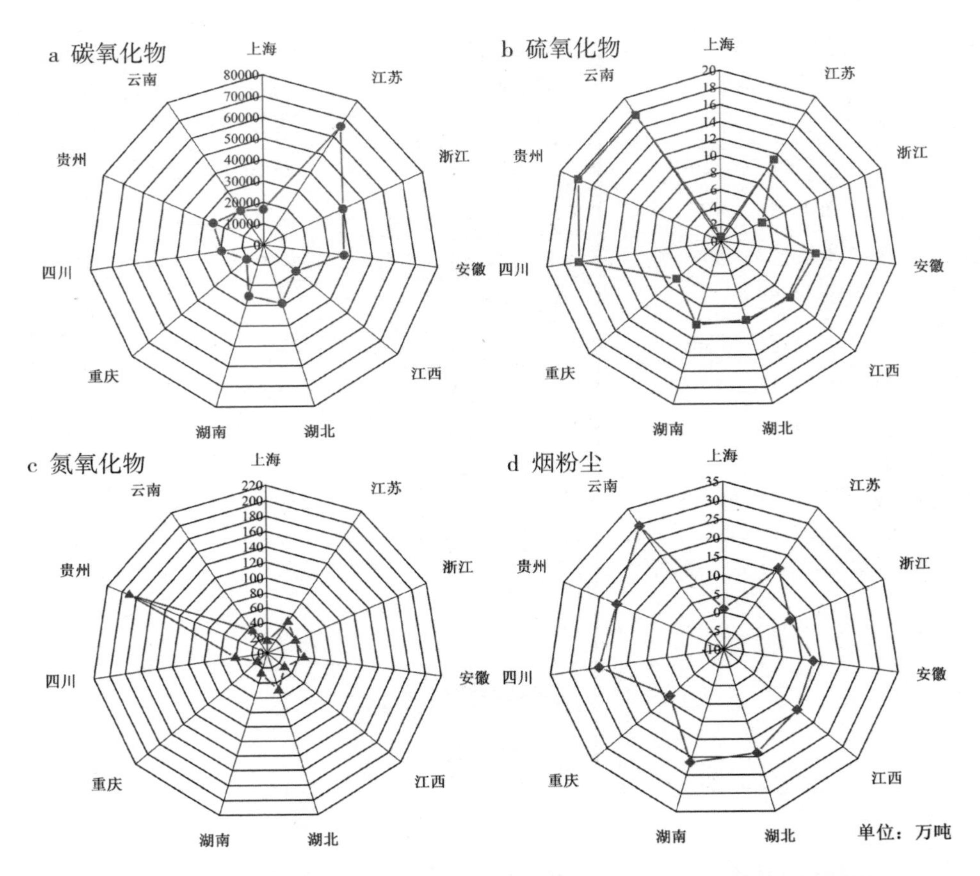

图 3.4 2020 年长江经济带碳氧化物、硫氧化物、氮氧化物和烟粉尘排放量

数据来源：作者根据《中国统计年鉴》公布的数据整理绘制。

用效率不高以及船舶航运污染监管不到位等因素影响、浓度超标。从污染分布看，碳氧化物排放量居于前三位的是江苏、浙江和安徽，下游地区明显大于中游和上游地区；硫氧化物排放量位居前三位的有云南、贵州和四川，上游地区高于中游和下游地区；氮氧化物排放量最多的三个省是贵州、湖北和江苏，总体呈现自上游到下游依次递减现象；烟粉尘排放量最多的三个地方分别是云南、四川和湖南，上游地区最严重，中游次之，下游最轻。产生这些问题的主要原因：一是长江经济带以煤炭、石油为燃料的传统能源消费结构并未改变，可再生清洁能源利用率低，能源消费结构不合理；二是对长江航运船舶和港口治污监管不到位，流域沿线依然存在“地方利己主义”行为；三是沿江化工围江现象虽得以缓解，但并未彻底清除。此外，大量存在的冶金、机械制造等传统高能耗、高排放企业，仍然是长江经济带大气污染风险的主要来源。

（二）水污染

城镇化进程中，长江经济带是我国水生态环境污染最严重的区域之一（周夏飞等，2020）。据统计，2020 年长江经济带化学需氧量排放量 1049.94 万吨，占全国总排放量的 40.94%，是长江经济带主要水污染物。其中，上海 7.29 万吨，占 0.69%；江苏 120.78 万吨，占 11.5%；浙江 53.22 万吨，占 5.07%；安徽 118.6 万吨，占 11.3%；江西 101.48 万吨，占 9.67%；湖北 153.03 万吨，占 14.58%；湖南 147.64 万吨，占 14.06%；重庆 32.06 万吨，占 3.05%；四川 130.46 万吨，占 12.43%；贵州 116.78 万吨，占 11.12%和云南 68.6 万吨，占 6.53%，见图 3.5（a）。从流域角度看，上游地区和中游地区排放量约占全流域总排放量的 71.44%，而下游地区仅占 28.56%，排放量最大的湖北是排放量最小的上海的 21 倍。可以看出，长江经济带化学需氧量水污染物主要集中在上游和中游地区，矛盾问题也较下游地区凸出和集中。

除化学需氧量以外，长江经济带沿线主要污染元素还包括氨氮、总氮和总磷等，但相比较而言，这些污染物排放量较小，具体如图 3.5（b）所示。以 2020 年为例，长江经济带水体中的氨氮污染物排放量 47.02 万吨，总氮 148.35 万吨，总磷 15.84 万吨，分别占全国的 47.78%、46.02%和 47.04%。从污染物分布看，湖南、四川的氨氮排放量以及总氮超标，主要原因是湖南和四川都是我国著名的化肥生产基地，株洲、浏阳等地氨肥和氮肥产量巨大，

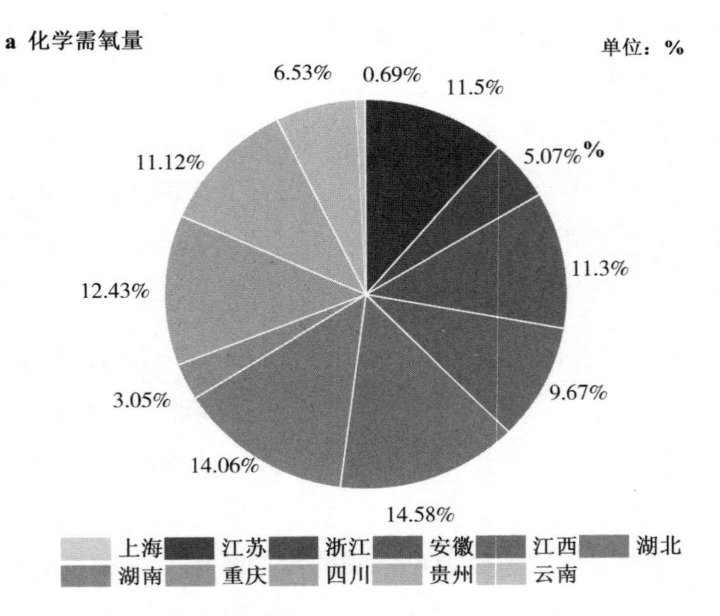

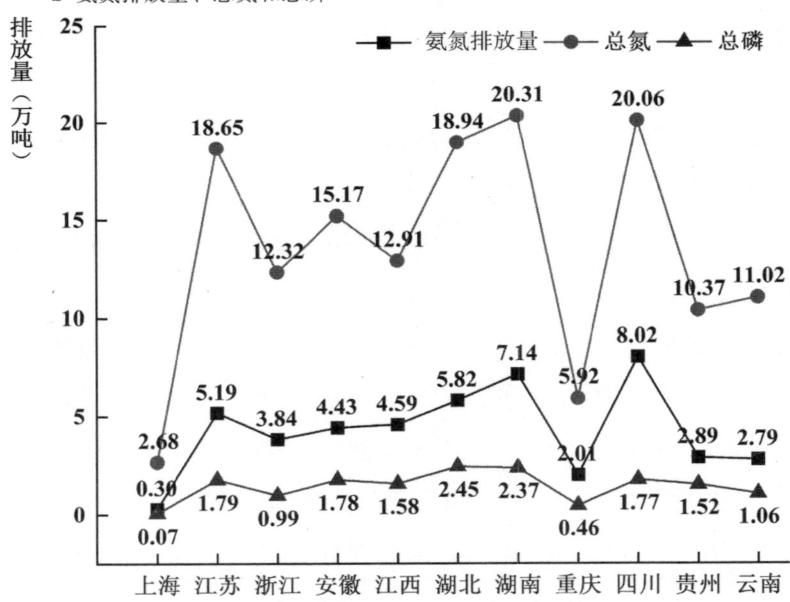

图 3.5　2020 年长江经济带化学需氧量和氨氮排放量、总氮、总磷

数据来源：《中国统计年鉴》(2021)。

工业生产带来的污染物排放导致水污染严重，加之川湘地区河网密布、水系发达和密集，极易引发水环境污染和水生态破坏。例如，2004 年四川沱江氨氮污染事件，2000 多吨氨氮不慎泄露、侵入沱江，直接造成沱江水体中氨氮元素超标 4000 多倍，河流水质变为劣Ⅴ类，沿线近百万居民停水 4 周。

(三)固体废弃物

随着城镇化的迅速发展，由固废收集、储存、运输和处置而产生的环境事件，严重制约着长江经济带生态环境长远发展。一般而言，固体废弃物主要包括工业固体废弃物、生活垃圾和危险固体废弃物三种。根据国家统计局公布的数据，截至 2020 年，我国工业固体废弃物产生量 367546 万吨，生活垃圾清运量 23511.7 万吨，危险固体废弃物产生量 7281.81 万吨。其中，长江经济带 11 省市的生活垃圾清运量 101876 万吨，危险固体废弃物产生量 2642.86 万吨，分别占全国的 27.72%、41.54%、36.29%，相比 2015 年分别增长了 2.04%、5.16%和 13.53%，详见图 3.6。

长江经济带固体废弃物污染凸出特点为：①堆叠存放，种多量大且持续增长；②时间跨度长，存放点选取具有随意性，且紧邻环境保护区域，容易引发环境污染；③处置能力有限，相关废弃物处理技术落后，有关部门管理服务意识滞后，防治措施不到位。产生这些问题的主要原因为：①受到废弃物处理能力和技术限制，目前长江经济带沿线地区对固体废弃物处理的通常做法就是简单堆叠存放，存放之前并未进行分类处理，致使沿线地区固体废弃物中种类繁多，既包括废渣、工业废料等一般工业废弃物，又包括砖头、渣土、石料等建筑垃圾，以及餐厨等生活垃圾；②长江沿线很多固体废弃物堆放点存在周期都很长，最长年限已达数十年之久，且这些存放点在选取时，并未充分考虑空间布局、城

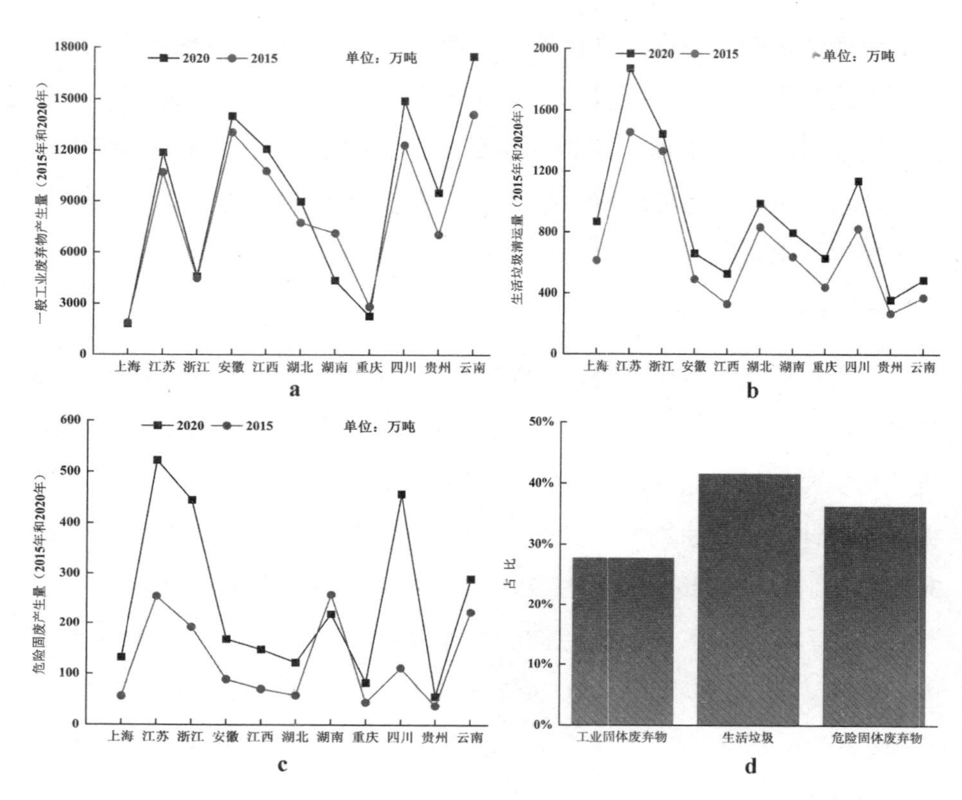

图 3.6　长江经济带工业固体废弃物、生活垃圾和危险固体废弃物产量及对比

数据来源：《中国统计年鉴》(2021)。

市发展和生态环境等因素，具有一定的随意性，长期堆叠致使这些固废点成为危害极大、风险隐患极高的危害源；③鉴于人员、资金、技术等多重因素，长江经济带沿线地区的固体废弃物处理能力极其有限，特别是一些固废污染具有跨区特征，个别地方还存在跨区倾倒现象，致使许多地区在固废管理方面面临监管难、取证难、处罚难等现实问题。

随着长江经济带发展战略上升为国家战略，对长江沿线固体废弃物处理和防治，越来越受到各级政府重视。例如，自 2018 年开始，生态环境部在长江经济带连续三年实施“清废行动”，累计清理各种固体废弃物 5676.1 万吨，新增复绿 99.4 万平方米。然而，我们必须清楚看到，由固体废弃物污染引发的长江生态环境修复治理压力大，沿线居民生活方式绿色转型难度大，绿色工业发展任重道远，污染治理体制机制建设亟待完善。因此，推动长江经济带工业结构低碳转型、倡导绿色生活方式、提升污染治理水平和治理能力，已经成为长江经济带生态环境保护和修复，实现生态优先、绿色发展亟待解决的现实问题。

二、问题及原因

（一）跨区协同治理合作不力

生态环境是由自然和人文因素共同组成的相互联系、交替影响的系统，本身并没有区域划分，具有整体性、系统性、关联性和不可分割性。然而，在现实生活中，生态环境被人为分割为不同块状并置于不同行政区，也就导致了生态环境风险治理被贴上明显的区域“标签”。由行政区域所引发的“负外部性”，导致地方政府在治理生态环境风险过程中存在严重的“以邻为壑”问题，表现为事不关己高高挂起、各人自扫门前雪的狭隘治理思维，从而导致长江经济带生态环境风险跨域协同治理合作不力、矛盾突出，影响整个流域经济带生态环境风险治理效果。出现上述问题的原因主要包括：①以 GDP 为导向的绩效考核体系，决定了城镇化发展过程中长江经济带沿线各级政府之间的关系是“竞争”而非“合作”；②长江经济带生态环境风险治理被不同行政区分割管辖，缺乏统一流域治理的管理机构，权利分配较为分散，这种“各守一亩三分田”的分散管理模式难以达到理想治理效果；③市场、公民和社会组织等多元主体参与不足，以政府为主的单一治理模式难免“力不从心”，快速城镇化背景下，应通过引入多元市场主体参与、互动和合作，以最大限度发挥多元主体协同治理效应，力克单一治理模式的弊端；④对跨域生态环境风险治理中的政府间利益分配和冲突调解处置欠佳。城镇化过程中，对于生态环境风险的治理，长江经济带沿线各级地方政府都存在利己主义倾向，不可避免与长江经济带沿线其他地区发生矛盾冲突。

（二）跨界行政执法依据不足

《长江保护法》的正式实施，标志着长江大保护进入有法可依新阶段，弥补了治理长江长期存在的法律空白问题（刘佳奇，2021）。整体上，《长江保护法》虽然有利于打破原有传统属地管理模式，并在一定程度上实现行政管辖权的共享（张健和张舒，2021），能够为建立全流域"一体化"协同治理奠定坚实制度基础，但制度的生命力在于执行，城镇化中的长江经济带跨区域风险治理依然存在较多亟待突破的难题。具体包括：①与《长江保护法》配套的政策体系建设发展滞后，且《长江保护法》中对法律责任的规定过于笼统，执法依据缺乏可操作性，导致在开展一些跨界生态环境风险执法合作时，在执法主体、执法依据和执法权限等方面标准不一，反映出执法过程的不规范性；②《长江保护法》中并未明确提出建立横向府际间的流域综合生态环境风险治理机构，仅依靠联合执法的治理模式难免会存在管理"盲区"，在执法中不免受到质疑，进而影响行政机关公信力；③《长江保护法》中提出加强跨界行政执法机制建设，但实际中相关建设进展缓慢、严重缺位，导致爆发风险危机后，相关管理部门之间互相推诿扯皮，出现执法监管"真空"现象。

（三）跨区生态补偿分配不均

2018 年 5 月，财政部发布《关于建立健全长江经济带生态补偿与保护长效机制的指导意见》，提出建立健全长江经济带生态补偿机制。长江经济带生态补偿机制旨在通过协商谈判方式实现流域上下游间的利益互补、风险共担和责任共享，根本目的在于平衡好生态环境保护者与受益者之间的权利和义务，聚焦生态环境风险治理，以生态环境高质量发展倒逼经济社会绿色转型。目前，长江经济带已建成5项省际流域生态补偿机制，省内生态补偿机制覆盖沿线11个省市。然而，随着城镇化进程不断加快，长江经济带省际生态补偿面临补偿标准不一、拨付不及时等诸多现实问题，生态补偿机制仍需不断完善。具体为：①生态补偿资金管理缺乏统一领导机构，仅仅依靠地方政府相互协调或者谈判的方式确定补偿标准、补偿金额和支付方式，一定程度上造成补偿资金配置效率较低；②生态补偿市场化机制建设滞后，以政府为主导的传统投融资模式已难以适应当前需求，与生态环境紧密相关的绿色金融股票和债券等发展缓慢，其开发水平和利用规模并未达到理想要求，市场的有效活力并未被有效激发；③企业、社会组织和公民主动参与生态补偿意识不足、程度有限。生态环境是最公平的生态产品，具有非竞争性和非排他性，企业、社会组织和公民既是生态环境的一部分，又是生态环境受益者。

第四节　本章小结

本章主要阐述了长江经济带区域概况、城镇化发展和生态环境风险现状三方面内容。首先，对研究区概况的研究主要从经济、社会和资源环境三个维度展开，并围绕GDP增长、人口集聚、交通运输、能源消费和矿产资源等方面开展具体分析，旨在阐明长江经济带在我国区域高质量发展中的重要地位和作用；其次，从历程演变、发展现状两个维度对长江经济带城镇化发展进程进行论述，目的在于清晰介绍长江经济带城镇化发展演变过程和现状特征；最后，主要从水、大气、固废三个维度分析了当前长江经济带生态环境风险发展现状、问题及成因，目的在于更加直观地呈现现阶段长江经济带生态环境风险基本状况，以期为后文的实证研究提供强有力的现实支撑。

第四章　长江经济带生态环境风险指数测算及其时空演化

良好的生态环境是最公平的公共产品，是最普惠的民生福祉。作为统筹陆海协同发展和具有典型地理梯度单元的流域经济体，长江经济带辐射面积大，流域地形地貌复杂多变，上中下游生态环境构造多样，是牵动我国经济高质量发展的脉搏，更是推进经济资源与物质要素深度融合、协同发展的重要动力，在我国区域协同发展总体格局中占据重要位置。然而，由于长期过度开发和资源低效利用，长江流域生态环境破坏严重，化工围江、垃圾围城、黑臭水体、固废倾倒等问题"久治不愈"，流域水污染、尾矿库溃坝、重金属污染以及化工企业爆炸等"黑天鹅"和"灰犀牛"事件频发，区域性、布局性、结构性的生态环境风险矛盾依然十分尖锐（陆大道，2018）。党的十八大以来，中共中央、国务院高度重视长江生态环境问题，强调要把修复长江生态环境摆在压倒性位置，共抓大保护、不搞大开发。特别是随着长江经济带发展战略上升为新一轮国家战略，通过倒逼经济结构调整、产业转型升级和城镇高质量发展，率先实现全流域"碳达峰"和"碳中和"，努力将其打造为国家生态文明建设先行示范区，以遏制系统性生态环境风险，提升防范化解生态环境风险意识和维护国家生态环境安全。

鉴于以往文献中以经济带为研究对象开展生态环境风险实证分析较少，故本章选取长江经济带为研究区域，通过运用生态环境风险指数模型测度长江经济带生态环境风险指数，进而利用 Dagum 基尼系数及其差异分解法、核密度估计法和莫兰指数，分别对长江经济带生态环境风险的空间差异、时空演化和空间集聚特征进行分析。本章节内容是本研究拟解决的重点问题之一。

第一节　模型方法与指标体系

一、模型方法

(一)生态环境风险指数(EERI)

该方法是指通过数值估算方式呈现区域生态环境风险的发展程度，用以反映资源利用、经济发展、政策调控给地区生态环境带来的压力和约束(公式 4.1)：

$$EERI = \sum_{i=1}^{n} \frac{F_{ij} * W_{ij}}{F} \tag{4.1}$$

公式 4.1 中，F_{ij}为某个省份第 i 年的第 j 个指标，W_{ij}代表单个省份第 i 年的第 j 个指标的权重。F 为某个地区单个年份经无量纲化处理后的指标之和。

为最大限度减少主观因素对权重估计值的影响，本研究所提到的生态环境风险指标权重是利用熵值法对各个指标赋权后得出的。为避免数据差异影响估计结果的准确性，在参考已有研究成果基础上，本研究分别对所有参与计算的正向指标和负向指标进行无量纲化处理，公式如下。

正向指标 P：

$$Q_{ij} = \frac{T_{ij} - Min(t_{ij})}{Max(t_{ij}) - Min(t_{ij})} \tag{4.2}$$

负向指标 N：

$$Q_{ij} = \frac{Max(t_{ij}) - T_{ij}}{Max(t_{ij}) - Min(t_{ij})} \tag{4.3}$$

Q_{ij}代表经无量纲化处理后的正向或负向指标值，T_{ij}为面板数据中未经处理的指标值，$Max(t_{ij})$是面板数据中单个指标的最大值，$Min(t_{ij})$是面板数据中单个指标的最小值。

利用熵值法估算风险权重是本章拟解决的重点问题。基于无量纲化的数据处理，是参照朱喜安和魏国栋(2015)、辛冲冲和陈志勇(2019)、麻学锋和吕逸翔(2021)的研究，对影响长江经济带生态环境风险的指标进行赋权后得出的。与层次分析法相比，熵值法是根据所选取指标对总体估计结果的影响程度，客观地确定每个指标权重的大小。该方法的优点在于，可以有效避免主观性的人为因素，使赋权结果更加客观、科学。对熵值法赋权测算可分解为三个部分，具体如下。

第一部分：计算指标熵值见公式 4.4。

$$E_j = -\frac{1}{\ln(n)} \sum_{i=1}^{n} \frac{Q_{ij}}{\sum_{i=1}^{n} Q_{ij}} \ln \frac{Q_{ij}}{\sum_{i=1}^{n} Q_{ij}} \tag{4.4}$$

公式 4.4 中，$Q_{ij} \Big/ \sum_{i=1}^{n} Q_{ij}$ 是经标准化处理后指标，单个省份第 i 年的第 j 个指标占该指标的比重；E_j是第 j 个指标的熵值($E_j \geqslant 0$)。

第二部分：计算指标差异系数见公式 4.5。

$$K_j = 1 - E_j \tag{4.5}$$

K_j代表第 j 个指标的差异系数。

第三部分：计算指标权重见公式4.6。

$$W_j = \frac{K_j}{\sum_{j=1}^{n} K_j} \tag{4.6}$$

$W_j \in (0, 1)$，W_j值越大，表明数据的离散程度越大，而其信息熵越小，其对整个指标评价结果的影响程度就越大。相反，W_j值越小，表明数据的离散程度越小，而其信息熵越大，其对整个指标评价结果的影响程度就越小。熵值法的优点在于，一方面其能够避免由受主观赋权而造成的权重随意性、偏好性和差异化问题；另一方面，根据该方法测算的权重还能有效解决指标中信息重叠问题。

（二）Dagum基尼系数及其差异分解方法

借鉴Dagum（1997）提出的基尼系数及其按子群分解的方法，将对长江经济带生态环境风险的空间差异性特征进行分析。相比传统基尼系数和泰尔指数等方法，该方法的优点在于其不仅能够避免样本间的相互交叉、重叠问题，还能够精准揭示长江经济带不同流域的空间差异。目前，Dagum基尼系数及其差异分解法被资源环境经济学、景观生态学等领域学者广泛采用（成金华等，2014），具体计算公式为：

$$G = \frac{\sum_{j=1}^{k}\sum_{h=1}^{k}\sum_{i=1}^{n_j}\sum_{r=1}^{n_h} | y_{ji} - y_{hr} |}{2n^2\overline{y}} \tag{4.7}$$

G代表总体基尼系数，k、n分别是总的流域个数、总的省份个数（本书$k=3$，$n=11$），i、r表示流域内的省份序号，n_j、n_h分别代表j和h流域内的省份数，y_{ji}和y_{hr}分别表示j区第i省的生态环境风险指数、h区第r省的生态环境风险指数，$\overline{y}$是长江经济带生态环境风险指数平均值。

Dagum基尼系数可分解为三个部分：流域内差异G_w、流域间差异

G_{nb}和超变密度 G_t，三者间关系为 $G = G_w + G_{nb} + G_t$，计算公式为：

$$G_w = \sum_{j=1}^{k} G_{jj} p_j s_j \tag{4.8}$$

$$G_{jj} = \frac{\frac{1}{2\bar{y}} \sum_{i=1}^{n_j} \sum_{r=1}^{n_j} | y_{ji} - y_{hr} |}{n_j^2} \tag{4.9}$$

$$G_{nb} = \sum_{j=2}^{k} \sum_{h=1}^{j-1} G_{jh}(p_j s_h + p_h s_j) D_{jh} \tag{4.10}$$

$$G_{jh} = \frac{\sum_{i=1}^{n_j} \sum_{r=1}^{n_h} | y_{ji} - y_{hr} |}{n_h n_j (\bar{y}_h + \bar{y}_j)} \tag{4.11}$$

$$G_t = \sum_{j=2}^{k} \sum_{h=1}^{j-1} G_{jh}(p_j s_h + p_h s_j)(1 - D_{jh}) \tag{4.12}$$

公式 4.8 至 4.12 中，$p_j = n_j/n$，$s_j = n_j \bar{y}_j / n\bar{y}$。$D_{jh}$是指长江经济带流域 j 和流域 h 之间各自存在的生态环境风险影响程度，具体测算方式详见公式 4.13 和公式 4.14。d_{jh}为生态环境风险指数差值，p_{jh}为超变一阶矩，F_h和 F_j为流域 h 和流域 j 的累积密度分布函数。

$$D_{jh} = \frac{d_{jh} - p_{jh}}{d_{jh} + p_{jh}} \tag{4.13}$$

$$\begin{cases} d_{jh} = \int_0^{\infty} dF_j(y) \int_0^{y} (y - x) dF_h(x) \\ p_{jh} = \int_0^{\infty} dF_h(y) \int_0^{y} (y - x) dF_j(x) \end{cases} \tag{4.14}$$

（三）核密度估计

核密度估计，英文名 Kernel Density Estimation，缩写为 KDE。该方法最早由 Rosenblatt（1955）和 Emanuel Parzen（1962）提出，又称为 Parzen 窗。相比较传统密度估计方法而言，核密度估计具有函数预设的客观性和要素状态捕捉的准确性等优势，可以更为直观地反映差异的演变规律和动态趋向。作为一种重要的非参数检验方法，核密度估计是研究空间差异和动态演进的重要方法，并在资源环境、经济发展等领域得到广泛应用。其优点在于，不仅能够对要素发生的概率密度进行量化测度，而且能够通过连续的密度曲线描述其分布区位、形状、极化趋势和延展性等演进特征，估计结果具有较强的稳健性，已经成为计量经济学者们普遍采用的研究方法。假定随机变量 T 的密度函数表达式如下所示：

$$f(t) = \frac{\sum_{i=1}^{N} K\left(\frac{T_i - \bar{t}}{h}\right)}{Nh} \quad (4.15)$$

$$K(t) = \frac{1}{\sqrt{2\pi}}\exp\left(-\frac{t^2}{2}\right) \quad (4.16)$$

$$\begin{cases} \lim\limits_{t \to \infty} K(t) * t = 0 \\ K(t) \geqslant 0, \int_{-\infty}^{\infty} K(t)\,\mathrm{dt} = 1 \\ \sup K(t) < +\infty, \int_{-\infty}^{\infty} K^2(\mathrm{t})\,dt = 1 \end{cases} \quad (4.17)$$

公式 4.15 中，N 为长江经济带省份个数，T_i 代表独立同分布观测值，$\bar{t}$ 是观测样本平均值，$K(t)$ 表示核密度估计，h 是窗宽。

（四）莫兰指数

莫兰指数，英文名 Moran′s I。根据地理学第一定律，地理事物或属性是在空间上互相联系的，相近的事物要比相远的事物关联性更强（Tobler，1970）。一般而言，度量地理事物或属性空间相关性方法包括 Moran′s I、Geary′s C、Getis、Join Count 等，其中应用范围最广的是 Moran′s I，主要是因其对大范围、长序列截面数据检验的稳定性更强，结果准确性更高，从而受到计量经济学等领域学者们一致认可，并得到广泛应用。在参考方时姣和肖权（2019）等学者研究成果基础上，本小节将利用莫兰指数模型测算长江经济带生态环境风险空间自相关性及集聚特征。莫兰指数分为全局莫兰指数和局部莫兰指数，全局莫兰指数是指整体结构视角下的空间集聚特征，而局部莫兰指数则指某一地区周边的集聚情况。

$$\textit{Global}\ \text{Moran's}\ I = \frac{\sum_{i=1}^{n}\sum_{j=1}^{n} W_{ij}(Y_i - \overline{Y})(Y_j - \overline{Y})}{S^2 \sum_{i=1}^{n}\sum_{j=1}^{n} W_{ij}} \tag{4.18}$$

$$\textit{Local}\ \text{Moran's}\ I = \sum_{j=1}^{n} W_{ij}(x_j - \overline{x}) * \frac{(x_i - \overline{x})}{S^2} \tag{4.19}$$

公式 4.18 和公式 4.19 中，Y_i和 Y_j分别代表 i 流域和 j 流域的生态环境风险指数值，$\overline{Y}$是长江经济带生态环境风险指数平均值，$S^2 = \frac{1}{n}\sum_{i=1}^{n}(x_i - \overline{x})^2$ 表示样本方差。莫兰指数值域范围为-1 到 1，当 $0<I<1$ 值时，I 值越大，表明变量之间的空间相关性越强，呈正自相关；当 $-1<I<0$ 值时，I 值越低，空间相关性越低，呈负自相关；当 $I=0$ 时，表明无空间相关性，呈随机状态。本章将利用 Matlab 软件绘制散点图，以呈现长江经济带生态环境风险空间集聚特征。

（五）空间权重矩阵

为了测度长江经济带生态环境风险空间关联性，需要构造空间权重矩阵辅助计算，本章构建了以下三种空间权重矩阵。权重矩阵解释及计算公式如下所示。

第一种：邻接矩阵。邻接矩阵是以地理空间是否相邻为依据而构造的矩阵。若相邻，赋值为 1；若不相邻，则赋值为 0（见公式 4.20）。

$$W_{ij}^{1} = \begin{cases} 0 & (i \neq j) \\ 1 & (i = j) \end{cases} \tag{4.20}$$

第二种：经济矩阵。经济矩阵是以两个地区 GDP 差值大小为基础判定彼此之间的差距，也就是所谓空间经济差距。差值越小，权重越大；差值越大，权重越小(见公式 4.21)。

$$W_{ij}^2 = \begin{cases} 0 & (i = j) \\ \dfrac{1}{|GDP_i - GDP_j|} & (i \neq j) \end{cases} \tag{4.21}$$

第三种：嵌套矩阵。嵌套矩阵不仅考虑不同地区间的物理空间距离，而且还把地区间的经济距离因素纳入其中。相比前两种矩阵，嵌套矩阵能够更加准确估算地区间的空间自相关性(见公式 4.22)。

$$W_{ij}^3 = W_d * diag(\frac{\overline{GDP_1}}{\overline{GDP}}, \frac{\overline{GDP_2}}{\overline{GDP}}, \cdots, \frac{\overline{GDP_n}}{\overline{GDP}}) \tag{4.22}$$

公式 4.22 中，W_d代表长江经济带上中游不同省市省会城市的经纬度距离，$diag$ 为对角矩阵。

二、指标体系构建

构建指标体系是测算长江经济带生态环境风险指数的基础。改革开放 40 多年来，长江沿岸地区经济虽然得到高速发展，但也付出了严重的生态环境代价。加之因受行政区规划限制，多头管理弊病问题始终没有解决，全流域“一体化”“协同化”管理体制亟待建立。因此，如何在精准识别流域不同地段生态环境风险现状基础上，通过选取恰当的要素指标，构建符合实际的长江经济带生态环境风险指数体系，从而为建立长江经济带生态环境分区分类治理决策体系提供理论支撑和经验借鉴，是流域生态环境治理与保护亟待解决的关键问题。目前，国内外学者多从生态风险和环境风险单一维度，对长江经济带生态环境风险进行分析评价(姚士谋等，2014；孙黄平等，2017；赵建吉等，2020)，在指标选取和分析评价过程中难免有所遗漏。因此，在吸收借鉴已有生态环境风险评价"受体—压力—响应"思路的基础上，充分结合长江经济带生态环境实际，本研究将风险表征元素纳入风险评价指标体系，最终形成"受体—压力—表征—响应"四位一体的长江经济带生态环境风险指数评价体系。该指标体系共包含13个基础指标(见表4.1)，其中生态环境受体基础指标3个，生态环境风险压力基础指标3个，生态环境风险表征基础指标6个，生态环境风险响应基础指标1个，选取上述基础指标的缘由如下：

(1)已有文献中多用土地和水作为生态环境受体的代理指标，然而，作为我国重要的化工基地和制造业基地，长江经济带大气颗粒物排放问题非常严重，因此，本研究选取大气颗粒物浓度作为生态环境风险受体的另一个统计指标，纳入整个评价指标体系。

(2)生态环境风险压力的来源主要是废水、废气和固体废弃物三方面。目前，废水、废气和固体废弃物主要来自生产和生活两方面，但在实际数据收集过程中，有关废水、废气和固体废弃物的统计数据缺失严重，且不同地区由于统计重点各有不同，所参考的统计标准和技术规范有所差异。因此，本指标体系在实际构建过程中，用工业废水排放总量、工业废气排放总量和工业固废排放量作为生态环境风险压力的参考指标。

(3)依据生态环境部颁布的《生态环境健康风险评估技术指南 总纲》(HJ 1111-2020)，生态环境风险表征指的是在生态环境中对个体或群体发生有害效应的危险源。作为我国重要的化工基地、交通通道、矿产资源集聚地、水源地和城镇密集区，存在生态环境风险企业数、交通路网密度、重点采矿业及尾库矿数和水网密度等因素，已经成为影响长江经济带生态环境风险表征的重要指标。据此，本指标体系选取存在生态环境风险企业数、交通路网密度、突发生态环境事件、重点采矿业及尾库矿数、水网密度、集中式饮用水规模作为生态环境风险表征的统计变量。

(4)生态环境治理是应对生态环境风险的重要手段。一般而言，生态环境治理手段包括资金、技术和政策等多方面，涵盖范围较为广泛，其对抑制生态环境风险、提升生态环境质量，具有至关重要的作用。基于此，本指标选取生态环境治理作为生态环境风险响应的具体指标。

表 4. 1 中的指标解释如下：

水体富营养化是水体及其表层沉积物营养化程度、矿化速率和潜在状态的统称，是水体生态系统中营养化程度的真实反映，常用单因子营养评价法并结合氨氮、高锰酸钾指数和硝态氮等指标计算得出；

土壤重金属含量是指汞等元素的含量，土壤重金属主要包含汞、铜、铅、锌、铁等元素，这些元素是土壤重金属污染的主要来源；

大气颗粒物浓度指的是单位面积空气中的颗粒物含量；

人均废水排放主要用工业废水产生总量与区域总人口的比值表示，用以反映区域废水的排放水平；

人均废气排放主要用工业废气产生总量与区域总人口的比值表示，用以反映区域废气的排放水平；

人均固废排放主要用工业固废产生总量与区域总人口的比值表示，用以反映区域固体废弃物的排放水平；

存在生态环境风险企业数是指单位面积上存在潜在生态环境风险的企业总数；

交通路网密度是某一地区铁路长度、水路通航里程、公路长度之和与区域总面积的比值，用以表示交通发展对区域生态环境的影响；

突发生态环境事件是大气生态环境事件、水生态事件和土地生态环境事件数量之和，指的是由污染物排放、突发生态环境事故等因素对区域生态环境造成的破坏；

重点采矿业及尾库矿数一般指的是某一地区煤炭、石油、天然气等重点采矿业及尾库矿数量之和；

水网密度是指某一地区河流长度、水域面积、水资源量之和与区域总面积的比值；

集中式饮用水规模是指利用输水管网获取生活用水的人口总数；

生态环境治理包括大气生态环境治理、土地生态环境治理和水生态治理等，目的在于改善区域生态环境、修复蜕化的生态环境功能，常用生态环境治理投资总额与GDP的比值表示。

表4.1　生态环境风险指数评价指标体系

功能层	基础指标	单位	研究者(年份)
生态环境受体	水体富营养化(EW)	/	Li等(2017)，丁婷婷等(2019)
	土壤重金属含量(SM)	/	宋波等(2018)，Yan等(2022)
	大气颗粒物浓度(AP)	个/升	Wang等(2022)
生态环境风险压力	人均废水排放(DW)	吨/人	孙垦等(2022)
	人均废气排放(EE)	公斤/人	邵磊等(2010)，邢永健(2016)
	人均固废排放(DS)	公斤/人	董鹏等(2016)，Chavan(2022)
生态环境风险表征	存在生态环境风险企业数(ER)	个/平方公里	周彪等(2010)，王洪丽(2022)
	交通路网密度(DT)	/	陈辉等(2005)，杨世勇(2010)
	突发生态环境事件(NE)	次	贾倩等(2017)，薛丽洋(2022)
	重点采矿业及尾库矿数(NC)	座	Kaikkonen等(2018)
	水网密度(WI)	/	Feng等(2021)
	集中式饮用水规模(SW)	人	鄢忠纯等(2010)
生态环境风险响应	生态环境治理(PE)	百分比	李胜等(2018)，张宝(2020)

三、数据来源与处理

表 4.1 中，生态环境风险指数评价指标体系中的水体富营养化指标数据来自《中国环境统计年鉴》，土壤重金属含量指标数据来源于《全国土壤污染状况调查公报》，大气颗粒物浓度数据来源于中国气象局公布的《大气环境气象公报》；

人均废水排放、人均废气排放、人均固废排放、生态环境治理、突发生态环境事件、集中式饮用水规模等指标的数据来源于《中国统计年鉴》(国家统计局组织编撰，中国统计出版社出版)；

存在生态环境风险企业数、交通路网密度、重点采矿业及尾库矿数等指标的数据来源于《各省市(区)统计年鉴》[各省市(区)统计局和统计调查总队共同编撰，中国统计出版社出版]；

水网密度数据来自 Landsat ETM 遥感数据库，并利用 ENVI 软件对遥感数据进行提取、转化和校正；

除经特殊说明以外，本章中的数据指标时间期限均为 2000—2020 年。

根据不同数据类型，对所涉及的全部数据进行无量纲化处理，具体公式见公式 4.2 和公式 4.3。需要特别指出的是，长江经济带生态环境风险指数测算以及后续实证分析都是基于无量纲化处理后得出的数据进行的。

第二节 长江经济带生态环境风险指数估算

一、指标权重测算结果

基于前文确定的长江经济带生态环境风险指数评价指标体系（表4.1），并结合公式4.4、公式4.5和公式4.6，本小节对长江经济带生态环境风险指数评价指标的综合权重进行了测算，结果见表4.2。本小节中所得数据均是利用Stata软件计算得出的。

表4.2 生态环境风险指数评价指标权重

功能层	基础指标	估算权重
生态环境受体	水体富营养化（EW）	0.097
	土壤重金属含量（SM）	0.081
	大气颗粒物浓度（AP）	0.064
生态环境风险压力	人均废水排放（DW）	0.024
	人均废气排放（EE）	0.041
	人均固废排放（DS）	0.046
生态环境风险表征	存在生态环境风险企业数（ER）	0.023
	交通路网密度（DT）	0.083
	突发生态环境事件（NE）	0.014
	重点采矿业及尾库矿数（NC）	0.055
	水网密度（WI）	0.228
	集中式饮用水规模（SW）	0.055
生态环境风险响应	生态环境治理（PE）	0.189

二、生态环境风险指数估算结果及等级划分

根据前述研究中利用熵值法测算的长江经济带生态环境风险指标权重，同时利用公式 4. 1 测算长江经济带九省二市 2000—2020 年生态环境风险指数。为了清晰、直观地对比分析结果，本章对测算得出的风险指数结果归化至[1，100]（具体见表 4. 3）。

根据表 4. 3，长江经济带生态环境风险呈现差异化特征，变化趋势不同，因此利用 ArcGIS 10. 8 软件中的自然断裂分级模型（Jenks）对其进行等级划分。自然断裂分级模型是由美国堪萨斯大学（University of Kansas）的乔治 · 弗雷德里克 · 詹克斯（George Frederick Jenks）教授提出的，核心思想是利用聚类分析思维，使每一组内部的相似性最大，而外部组与组之间的相异性最大，同时兼顾每一组之间要素的范围和个数尽量相近。

选择该方法进行风险等级划分的依据是，其能通过迭代比较每个分组和分组中元素的均值与观测值之间的平方差之和，进而确定观测值在分组中的最佳排列，具有很强的统计学意义。

为了保证风险等级划分标准更加科学，本小节基于上述聚类分析的思维，利用 ArcGIS 10. 8 软件将长江经济带 2000—2020 年生态环境风险指数划分为 5 个等级：高风险、较高风险、中风险、较低风险和低风险（具体见表 4. 4）。

表 4.3 生态环境风险指数测算结果

年份	上海	江苏	浙江	安徽	江西	湖北	湖南	重庆	四川	贵州	云南
2000	71.08	74.94	61.95	51.73	72.99	61.72	67.11	71.25	62.53	59.41	58.14
2001	69.80	74.22	60.64	51.15	69.13	61.42	66.59	70.60	57.42	59.57	57.67
2002	69.32	74.63	61.42	50.25	69.37	62.27	68.22	70.42	57.43	57.74	56.94
2003	69.54	75.30	59.92	53.04	70.12	62.44	67.16	70.76	58.17	58.45	56.79
2004	74.12	78.17	62.97	52.77	70.39	63.06	66.54	76.63	60.35	60.72	61.02
2005	76.90	82.86	67.26	55.88	79.64	65.96	68.50	79.19	67.11	61.54	62.63
2006	76.63	80.94	64.62	53.94	75.22	64.43	68.81	78.48	59.03	62.16	60.30
2007	77.40	80.90	64.94	56.60	77.20	65.33	67.50	79.49	62.06	63.68	63.42
2008	80.30	81.18	73.06	59.35	76.66	65.62	67.01	77.74	61.84	63.37	63.37
2009	80.29	80.71	64.79	58.99	77.74	66.91	68.64	79.78	60.79	61.24	62.11
2010	78.46	80.86	68.57	60.50	87.30	67.97	67.76	81.46	60.50	62.65	65.05
2011	77.35	83.53	62.47	61.54	85.52	68.11	64.92	83.75	60.92	63.90	64.17
2012	76.37	84.12	67.99	63.16	92.16	67.99	69.81	78.59	63.73	66.17	64.94
2013	78.64	86.13	64.95	65.87	85.09	66.42	68.43	77.03	62.85	66.60	67.35

续表

年份	上海	江苏	浙江	安徽	江西	湖北	湖南	重庆	四川	贵州	云南
2014	76.87	84.77	66.73	64.27	86.15	67.90	68.16	77.60	63.79	72.75	64.02
2015	73.75	84.13	67.04	64.40	81.25	66.24	74.26	73.94	60.47	68.52	63.67
2016	71.23	81.75	67.67	65.25	83.27	71.46	67.61	73.45	61.55	65.36	64.38
2017	69.16	79.54	62.54	62.16	80.09	68.78	66.67	75.23	61.91	69.48	64.50
2018	70.20	78.52	61.44	60.54	79.67	66.78	67.47	74.52	67.53	73.36	67.63
2019	69.89	77.35	63.63	56.96	85.48	66.99	66.43	72.87	64.99	74.51	61.29
2020	70.24	77.73	61.53	61.07	81.12	71.11	66.51	70.82	66.76	75.78	64.64
均值	74.17	80.11	64.58	58.54	79.31	66.14	67.81	75.89	61.99	65.09	62.57

注：本表中所有数据均保留两位小数。

表 4.4　生态环境风险指数等级划分

风险等级	指数区间
高风险	70. 298<EERI≤74. 940
较高风险	65. 656<EERI≤70. 298
中风险	61. 014<EERI≤65. 656
较低风险	56. 372<EERI≤61. 014
低风险	51. 730<EERI≤56. 372

结合表 4. 4，总体而言，长江经济带面临的生态环境风险压力较大，不同区域间风险等级状况有所不同，中游地区最为严重，属高风险区，下游地区和上游地区则属于较高风险区，只不过下游地区的风险指数略高于上游地区。从地区角度来看，中游地区的江西 EERI 最小值 69. 13（2001 年），最大值 92. 16（2012 年），在统计期间生态环境风险指数常年处于“高位”状态，且变化幅度较大，风险等级较高；下游地区的江苏 EERI 均值 80. 11，是整个流域风险值最高的省份，说明其生态环境风险情况也最为严重。相比而言，安徽和四川两省的生态环境风险大部分时期都属于中风险，且从 EERI 估算情况来看，数值变化幅度不大，说明其生态环境状况相对较为稳定，并未出现严重的生态环境风险。

从增幅角度来看，研究期间上海、浙江、湖南和重庆四省市生态环境风险指数呈负向减少现象，分别减少了 1. 18%、0. 68%、0. 89% 和 0. 60%。呈正向增长态势的共有 7 个省市，排名依次是贵州、安徽、湖北、云南、江西、四川和江苏。

从风险集聚角度来看，生态环境风险自东向西逐渐降低，风险区域主要集中在长三角地区。其生态环境风险发展由 20 世纪初的“离散”特征向“团块”集聚方向转变，尤其在经济发展程度较高的上海、江苏、浙江等地区十分显著。

第三节　长江经济带生态环境风险的空间差异性分析

上一节中通过构建长江经济带生态环境风险指标体系，对该经济带生态环境风险指数进行了测算并运用自然断点分级法划分了风险等级。那么，长江经济带不同地区生态环境风险空间是否存在空间差异，差异状况到底如何？为了回答这个问题，本小节结合前述公式 4.7 至公式 4.14，利用 Matlab 2020b 软件对研究区域 2000—2020 年生态环境风险的空间差异及其贡献度进行了测算（见表 4.5）。

一、总体差异

根据表 4.5 绘制了长江经济带生态环境风险总体基尼系数演进趋势（图 4.1），便于清楚地展现长江经济带生态环境风险总体基尼系数 G 的发展趋势。

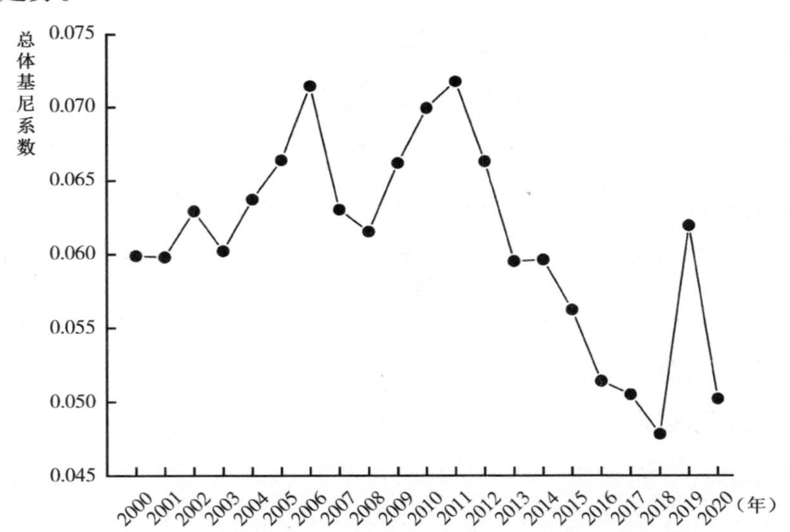

图 4.1　长江经济带生态环境风险总体基尼系数演进趋势

数据来源：作者根据表 4.5 中的数据绘制。

表 4.5　长江经济带生态环境风险的空间差异及其贡献度

年份	总体基尼系数 G	流域内基尼系数 G_w			流域间基尼系数 G_{nb}			贡献度(%)		
		上游	中游	下游	上游-中游	上游-下游	中游-下游	流域内	流域间	超变密度
2000	0.0599	0.0422	0.0372	0.0758	0.0527	0.0697	0.0639	30.6058	24.4595	44.9347
2001	0.0598	0.0422	0.0261	0.0766	0.0539	0.0724	0.0621	29.4609	25.2728	45.2662
2002	0.0629	0.0420	0.0237	0.0792	0.0620	0.0781	0.0619	28.1445	32.4421	39.4134
2003	0.0602	0.0432	0.0256	0.0741	0.0597	0.0711	0.0616	28.8145	31.4863	39.6992
2004	0.0637	0.0475	0.0245	0.0815	0.0530	0.0782	0.0683	29.6831	12.8099	57.5070
2005	0.0664	0.0531	0.0426	0.0800	0.0570	0.0777	0.0692	31.2885	18.2803	50.4313
2006	0.0714	0.0579	0.0345	0.0842	0.0669	0.0860	0.0707	29.9013	21.2128	48.8859
2007	0.0630	0.0489	0.0377	0.0763	0.0553	0.0741	0.0657	30.7590	15.1369	54.1041
2008	0.0615	0.0448	0.0352	0.0619	0.0526	0.0792	0.0665	27.3946	37.0957	35.5097
2009	0.0662	0.0548	0.0339	0.0708	0.0690	0.0771	0.0654	28.8779	26.3224	44.7997
2010	0.0699	0.0605	0.0584	0.0615	0.0808	0.0731	0.0584	29.2114	30.8238	39.9648
2011	0.0717	0.0631	0.0628	0.0709	0.0738	0.0740	0.0757	31.1924	20.2887	48.5189
2012	0.0663	0.0419	0.0701	0.0611	0.0795	0.0620	0.0756	28.5432	37.5075	33.9493

续表

年份	总体基尼系数 G	流域内基尼系数 G_w			流域间基尼系数 G_{nb}			贡献度(%)		
		上游	中游	下游	上游-中游	上游-下游	中游-下游	流域内	流域间	超变密度
2013	0. 0595	0. 0395	0. 0566	0. 0645	0. 0581	0. 0641	0. 0649	30. 3775	29. 5002	40. 1223
2014	0. 0596	0. 0451	0. 0548	0. 0612	0. 0647	0. 0599	0. 0641	30. 4519	23. 6954	45. 8527
2015	0. 0562	0. 0424	0. 0451	0. 0570	0. 0635	0. 0609	0. 0552	29. 3752	41. 0188	29. 6060
2016	0. 0514	0. 0346	0. 0469	0. 0464	0. 0658	0. 0532	0. 0503	27. 6993	48. 3988	23. 9018
2017	0. 0505	0. 0414	0. 0415	0. 0537	0. 0512	0. 0507	0. 0564	30. 9424	23. 6764	45. 3812
2018	0. 0478	0. 0236	0. 0402	0. 0579	0. 0380	0. 0551	0. 0609	28. 5594	24. 6508	46. 7898
2019	0. 0619	0. 0434	0. 0580	0. 0629	0. 0651	0. 0584	0. 0759	29. 5864	28. 9935	41. 4202
2020	0. 0502	0. 0337	0. 0445	0. 0542	0. 0456	0. 0518	0. 0631	29. 6102	31. 6354	38. 7544
均值	0. 0610	0. 0450	0. 0429	0. 0672	0. 0604	0. 0679	0. 0646	29. 5466	27. 8432	42. 6101

数据来源：作者根据表 4.3 中的数据计算得出。

研究发现，样本观察期2000—2020年长江经济带生态环境风险指数总体基尼系数呈现“下降—上升—下降—上升—下降—上升—下降—上升—下降”的演变趋势，表现出比较明显的波动性特征。总体基尼系数①从2000年的0.0599，下降至2020年的0.0502，下降了0.0097，下降率约16.19%，表明研究区域的生态环境风险总体差异维持在0.2水平以下，意味着长江经济带的生态环境风险内部差异变化不大，除个别年份出现波动上升以外，总体表现较为平稳，呈现小幅度波动下降态势。

从微观角度看，首先，在2001年历经小幅度下降后，2002年出现小幅度增长，较上一年增长了5.18%，之后2003年又出现下降趋势，但下降后总体基尼系数值与2000年和2001年基本持平。其次，2003—2011年，总体基尼系数从0.0602增长至0.0717，增长幅度达19.1%。但在这期间，总体基尼系数出现两个“顶点”，即2003—2006年持上升态势，随后至2008年又表现出连续下降趋势，这是第一个“顶点”；第二个“顶点”出现在2011年，总体基尼系数为0.0717，是样本期内系数最大值，说明在2011年长江经济带内部生态环境风险差异进一步拉大，风险状况也相对较为严重。最后，2011—2020年，长江经济带生态环境风险总体基尼系数进入持续优化阶段，系数值从2011年的0.0717大幅度减少至2018年的0.0478，减少了29.99%，是2000—2020年下降幅度最大的一次，其内部差异不断缩小。究其原因，2012年党的十八大以来党和国家高度重视流域生态环境保护，并于2014年将长江经济

① 1922年，意大利统计与社会学家科拉多·基尼首次提出基尼系数，用于衡量一个国家或地区的收入公平性。基尼系数最大值为1，最小值为0。一般而言，基尼系数分为五个等级，当基尼系数小于0.2时，表示过于公平；当位于0.2~0.29时，表示较为公平；当位于0.3~0.39时，表示比较公平；当位于0.4~0.49时，表示存在差距；当大于0.5时，表示差距悬殊。

带发展战略写入政府工作报告，将其上升为重要国家战略，提出要共抓长江大保护、不搞大开发，先后在长江沿线实施一系列诸如化工企业关改搬转、十年禁渔、长江保护修复攻坚战行动计划，干流岸线保护和利用专项检查行动等重要保护举措，使得长江经济带整体生态环境风险状况持续向好。在此期间，2019 年，长江经济带总体基尼系数出现局部“反弹”，相较 2018 年增加了 0. 0141，增加了 29. 5%，但至 2020 年又呈下降趋势，说明对长江经济带生态环境风险治理处于可管可控状态，出现系统性风险反弹可能性较小。

二、流域内差异

图 4. 2 是长江经济带生态环境风险在上游、中游和下游三大流域内的基尼系数分解图。研究发现，与全流域相比，上游、中游和下游地区内部生态环境风险演化各不相同，上游地区和下游地区的生态环境风险情况整体发展较为平缓，而中游地区则波动幅度较为显著。下游地区内部差异最大，上游地区次之，中游地区最小。

第一，上游地区生态环境风险的内部差异在全流域处于中间水平，低于下游地区但又高于中游地区。2000—2006 年，该流域风险指数内部差异逐年递增，增加了 37. 2%，表示这期间长江中游地区内部差异变大，生态环境风险情况进一步加剧，诱发生态环境类危机和隐患风险的概率也随之增加。2007—2011 年，上游地区内部差异基尼系数在波动中增加，仅在 2007 年和 2008 年呈现小幅下降，内部差异过大状况暂时缓解，生态环境风险状况得到改善。其中在 2008 年至 2011 年，上游地区生态环境风险内部差异明显加大，内部差异基尼系数值由 0. 0448 增长至 0. 0631，增长了 40. 85%，达到样本观察期的最大值。这主要是由上游地区地形地貌落差悬殊，生态环境风险成因复杂多样，以及地方经济发展对生态过度索取，超出自然生态系统承载力等造成的。但这一情况在2012年之后得到很大的缓解，内部差异基尼系数值至2018年处于样本观察期内最低值，说明其内部生态环境差异得到有效改善。

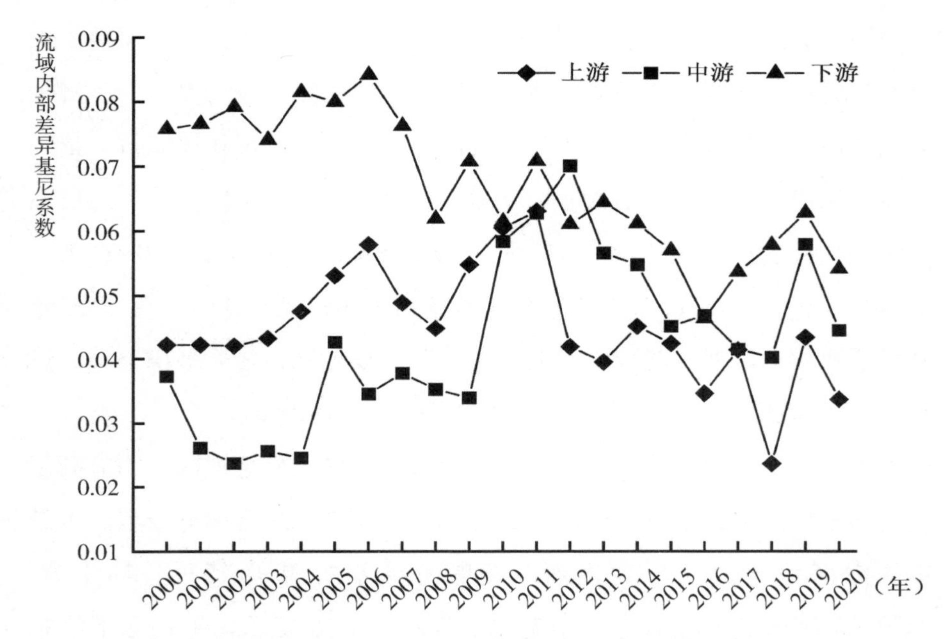

图4.2 长江经济带生态环境风险的流域内部差异基尼系数分解

数据来源：作者根据表4.5中数据绘制。

第二，中游地区内部差异程度在长江经济带三大地区内是最小的，整体表现出微弱扩张趋势。主要原因是：一方面，随着国家一系列中部崛起战略以及共抓大保护战略的实施，长江中游地区生态环境保护建设成效显著，其内部差异逐渐缩小；另一方面，长江中游地区经济发展的现实需求，难免会对生态环境产生影响，从而导致中游地区内部差异出现轻微扩张。从具体的演变趋势来看，可将中游地区内部差异分为两个阶段。第一阶段，2000—2012年，呈现波动增长趋势。此阶段特征表现为，除部分年份发展较为平缓以外（2001—2004年、2006—2009年），总体上呈现明显的增长趋势，大致从 2000 年的 0.0372 增至 2012 年的 0.0701，整体差异基尼系数增加了 0.0329，年平均增长率4.99%。需要特别指出的是，在 2009—2012 年差异基尼系数变化是最明显的，主要原因是在党的十八大以前，长江中游地区普遍存在重发展、轻保护，重经济、轻环境问题，缺乏从流域系统角度开展长江建设与保护，经济带内部省份之间各自为政，为了获取局部发展利益而忽视整体利益。第二阶段，2012—2020 年，表现出动态下降趋向。此阶段中游地区基尼系数演变过程大致呈现“下降—上升—下降”态势，基尼系数从 0.0701 下降至0.0402，下降了42.65%，年平均递减率也达到4.92%。除2019 年基尼系数增加以外，此阶段整体发展状况比较良好，之后平稳下降，说明 2012 年以后长江经济带中游地区内部差异在逐渐变小。

第三，下游地区是长江经济带流域内部差异最显著地区，明显高于上游和中游地区，整体呈现波动下降态势。从具体演变趋势来看，下游地区内部差异波动较为剧烈，表现出显著的 M 形特征。具体为：2000—2006 年总体呈波动上升趋势，2006—2016 年总体呈动态下降趋势，2016—2019 年表现为极速上升趋势，2019—2020 年则为下降趋势。其中，波动程度最大的年份主要出现在 2006—2012 年、2016—2019 年，但其波动特征并没有对整体演变趋势产生较大影响。在样本观测期，下游地区内部差异基尼系数值总体是先上升后下降，最大值 0.0842 出现在 2006 年，最小值 0.0464 则在 2016 年，最大值与最小值差 0.078，减少了 44.89%，可能原因在于：下游地区是长江经济带乃至我国经济发展重点区域，产业密集、人口集聚、资源能源消耗量大，经济社会和自然生态系统彼此之间矛盾加剧，多种因素叠加。但随着国家对长江下游地区实施一系列调结构、降能耗、促转型有力政策调控，其流域内部差异结构不断优化。然而不可忽视的是，2016—2018 年下游地区生态环境风险的内部差异出现急剧上扬，呈现一定的扩张特征，表明危及下游地区生态环境安全的不安定因素依然存在。

三、流域间差异

根据图 4.3，长江经济带三大流域间差异呈波动下降趋势，但在样本观测期内，上游和下游、上游和中游流域间差异演化特征波动比较显著，相比而言，中游和下游流域间的差异则变化较为平缓。

从差异大小角度看，上游和中游流域间的基尼系数差值最大，组内最大值 0.0808，最小值 0.038，差值 0.0428；上游和下游次之，组内最大值 0.086，最小值 0.0507，差值 0.0353；中游和下游流域间差值最小，最大值 0.0759，最小值 0.0503，差值 0.0256，这说明上游和中游流域间基尼系数在长江经济带变化幅度是最显著的，波动程度大于上游和下游、中游和下游流域间。但是从流域间基尼系数平均值角度分析，2000—2020 年，上游和下游流域间的基尼系数最大，组内平均值为 0.0679；其次是中游和下游流域间，组内平均值 0.0645；最后是上游和中游流域间，平均值为 0.0604。这说明在样本观察期内，长江经济带生态环境风险的流域差异主要发生在上游流域。究其原因，主要是长江上游流域多位于云贵高原、横断山区等典型生态脆弱区，地势高低起伏复杂多样，生态系统自身的敏感性、不稳定性和摆动性等问题严重（王娟娟和何佳琛，2013），加之受经济发展、生产技术和区域政策多因素叠加影响，其内部出现生态环境系统性风险的可能性增加。

从差异发展演化角度看，虽然上游和下游流域间的基尼系数平均值是最大的，但递减幅度在全流域也是最大的，基尼系数由 2000 年的 0.0697 降至 2020 年的 0.0518，年平均递减率为 1.40%；紧随其后是上游和中游流域间，基尼系数从 2000 年的 0.0527 减至 2020 年的 0.0456，年平均递减率为0.69%；相比之下，中游和下游流域间基尼系数变化程度最小，仅从2000年的0.0639浮动至2020年的0.0631，减少了0.0008，年均递减率0.06%。因此，从各个流域间的基尼系数发展变化情况看，上游和下游流域间的差异水平是最严重的，仍然处于“高位”运行，但总体呈现下降趋势；上游和中游流域间的基尼系数波动程度最显著的，特别是在2005—2006年、2008—2009年、2009—2010年、2018—2019年，但其对整体趋势并未产生较大影响。中游和下游流域间的基尼系数差异摆动幅度是最小的，大体呈现“波动上升—急剧上扬—缓慢下降—持续增长”的W结构变化特点，变化程度较为稳定。这说明，在今后应充分关注长江上游和下游流域间的生态环境差异，注重从区域协调角度，构建共抓长江生态环境风险治理长效机制，以形成共抓长江经济带生态环境保护合力。

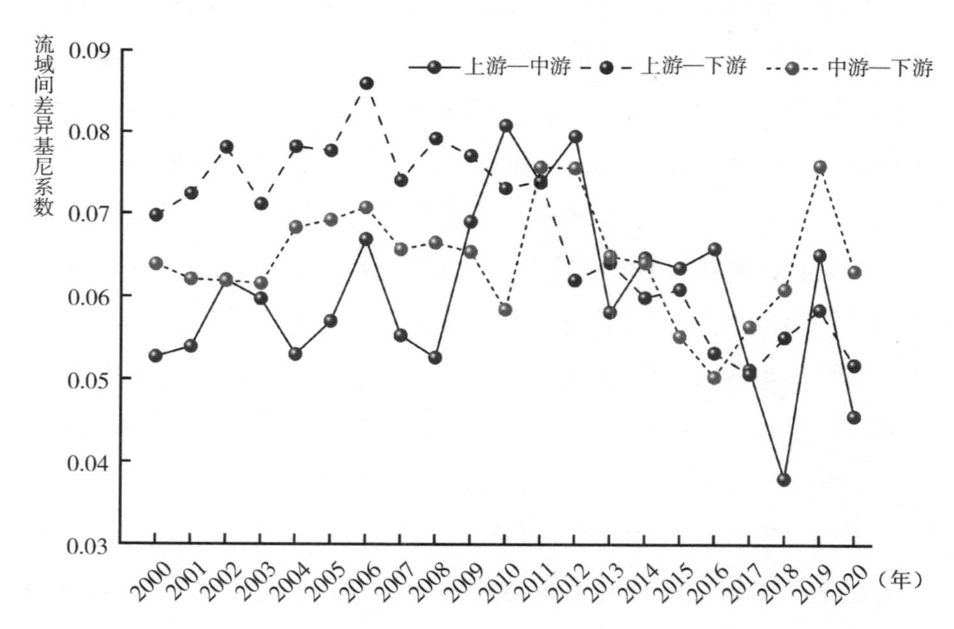

图4.3　长江经济带生态环境风险指数的流域间差异基尼系数分解

数据来源：作者根据表4.5中数据绘制。

从差异空间非均衡性角度看，三大流域间差异总体为“先上升—后下降”趋势，表现出非常明显的交错波动特征。但就空间非均衡角度而言，上游和下游流域间的差异波动程度是最小的，而其相互间的差异基尼系数始终保持在较高“区间”，表明上游和下游流域间的空间差异程度在整条经济带是最明显的；在 2000—2011 年，中游和下游流域间始终低于上游和下游流域间、高于上游和中游流域间，但在 2011 年之后，其差异的波动程度大于上游和下游流域间，说明在 2011—2020 年中游和下游之间的空间差异在逐渐变大，非均衡性特征更加明显；上游和中游流域间差异是整个长江经济带波动程度最大的，但是在个别年份，出现极速增长或递减现象，表明该流域间的空间结构仍不稳定。

四、差异来源及其贡献率

图 4. 4 展示了长江经济带生态环境风险指数的空间差异来源及其贡献率。研究发现，在 2000—2020 年流域间差异贡献率与超变密度贡献率的变化趋势相反，流域内差异贡献率走势则较为平缓。

从贡献率来源角度来看，在研究周期内，流域内、流域间、超变密度的平均贡献率分别为 29. 55%、27. 84%、42. 61%，且超变密度的贡献率在 23. 9018~57. 5070 浮动，整体贡献率要大于流域内和流域间的贡献率，说明超变密度贡献率对长江经济带生态环境风险的影响程度是最大的，流域内贡献率影响程度紧随其后，影响程度最小的是流域间贡献率。从贡献率变化角度看，流域内的贡献率从 2000 年的 30. 61%降至 2020 年的 29. 61%，年平均降幅为 1. 57%；流域间的贡献率从 2000 年的 24. 46%增至 2020 年的 31. 64%，年平均增幅为 1. 23%；超变密度的贡献率从 2000 年的 44. 93%减至 2020 年的 38. 75%，年平均降幅为 0. 70%。不难发现，流域内的贡献率波动幅度要大于流域间和超变密度

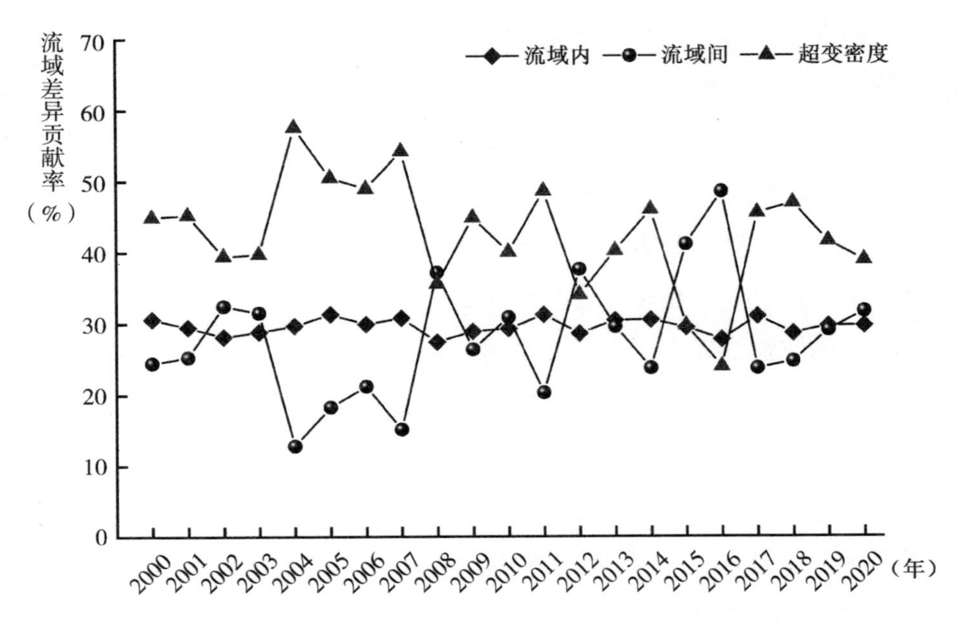

图 4.4 长江经济带生态环境风险指数的空间差异来源及其贡献率

数据来源：作者根据表 4.5 中数据绘制。

的贡献率；流域间的贡献率波动幅度较为显著，表现出非常明显的增长态势；流域内的贡献率变化程度是最小的，总体呈现小幅递减趋势。

第四节 长江经济带生态环境风险时空演化特征

在前述研究基础上，本小节将借助 Stata 17 软件对长江经济生态环境风险的核密度估计曲线进行量化测算并分析，重点选取 2000 年、2005 年、2010 年、2015 年和 2020 年五个关键年份的生态环境风险分布形态、演化形态和延展趋势进行刻画（图 4.5），为阐明长江经济带生态环境风险的时空演化特征提供支撑。

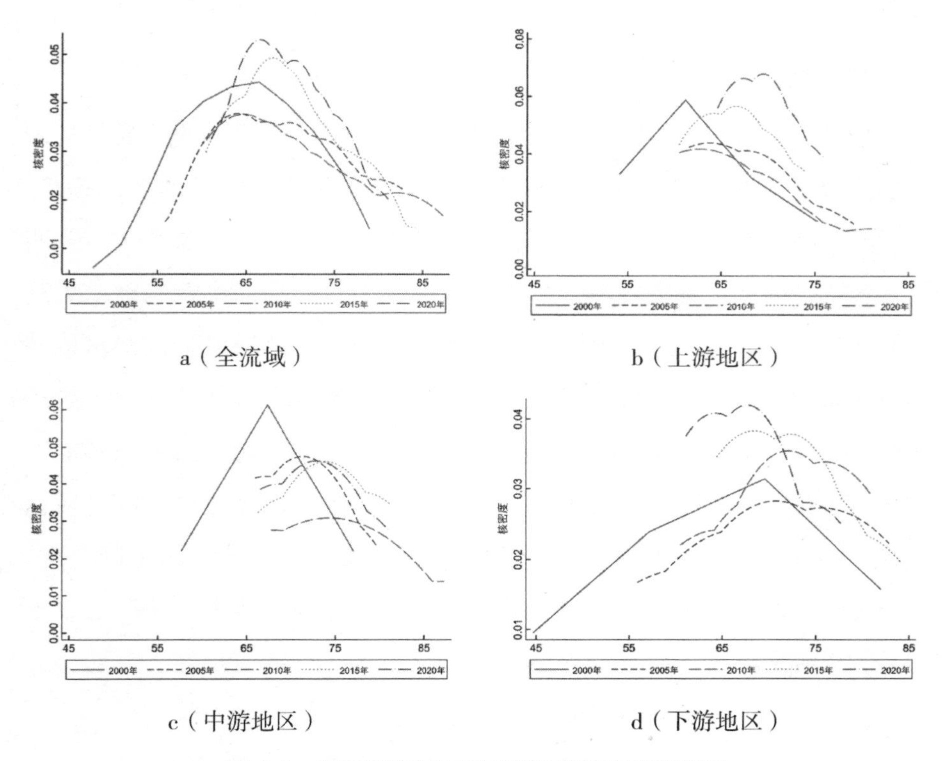

a（全流域）　　b（上游地区）

c（中游地区）　　d（下游地区）

图 4.5　长江经济带生态环境风险动态演化特征

数据来源：作者根据表 4.5 中数据绘制（横轴代表风险指数，纵轴代表核密度估计值）。

一、分布特征

从全流域层面看，五个关键年份的核密度估计曲线中心位置和区间差异整体上随时间推移不断向右移动，2020 年核密度曲线在最右侧，且曲线变化程度较为“陡峭”，表明 2000—2020 年长江经济带生态环境整体形势不断向好，生态环境质量不断提高。从流域划分层次看，上中下游三大区域的核密度估计曲线呈现显著的右移倾向，大体呈现“上升—下降”的发展特征，且在观测周期内保持在较低水平，说明长江经济带三大区域的生态环境状况持续向好，与全流域生态环境动态特性保持一致。

二、演化形态

依据图4.5，长江经济带及其三大区域演化形态表现出两个特征：一是全流域整体波峰高度处于较低水平，在研究观察期内呈现上升趋势，曲线的陡峭程度也越来越明显，宽度略微收窄，右拖尾现象严重，表明长江经济带内部生态环境风险差距在逐渐增大，但目前来看这种增大趋势并不是十分显著；二是上游和下游地区内部生态环境风险的绝对值差在逐渐增大，而中游地区内部绝对值差在逐渐缩小。具体来看，上游地区生态环境风险分布的主峰峰值高度先下降后上升，总体呈现上升趋势，曲线宽度逐渐收窄，这说明上游地区内部之间的生态环境风险的绝对差异在小幅度扩大；中游地区主峰形态的演进特征虽总体上呈下降趋势，但宽度也在逐渐变宽，说明中游地区内部生态环境风险差异状况在逐渐好转；下游地区在三个区域内绝对值差异最大，总体表现为上升趋势且较为显著，虽然宽度逐渐收窄，但其内部绝对差异呈现扩大趋势。

三、延展趋势

研究发现，长江经济带及其三大区域的生态环境风险分布曲线均呈现右拖尾特征，分布延展性总体表现出强烈的收敛特征。具体来说，长江经济带及上游地区生态环境风险分布延展性展现出“小幅收窄—轻微拓宽—略微收敛”的演变过程，且在最终“摆尾阶段”呈现出收敛特性，这意味着其内部生态环境风险的分区差异趋向平衡。与此相对，在最终阶段，中游地区和下游地区生态环境风险分布曲线波动程度较大，有一定的拓宽风险，表明其内部间的生态环境风险差异有进一步拉大趋势。究其原因，可能是其内部存在一定程度的“极化现象”，表现出非常明显的优者更优或强者更强的“马太效应”。

第五节　长江经济带生态环境风险的空间关联性

构建空间权重矩阵，是进行莫兰指数估算的前提条件。根据本章第一节第一点模型方法中选取的空间权重矩阵计算方法（公式 4.20、公式 4.21 和公式 4.22），利用 Stata 17 软件分析工具分别计算得出邻接矩阵、经济矩阵和嵌套矩阵，结果见表 4.6、表 4.7 和表 4.8。在空间权重矩阵构建过程中，充分参考借鉴了前人已有的研究成果，其中突出代表人物有山东大学陈强（2014）、中山大学连玉君（2018）等，鉴于篇幅限制，因此对空间权重矩阵的具体计算这里就不再赘述。

表 4.6　邻接矩阵

地区	上海	江苏	浙江	安徽	江西	湖北	湖南	重庆	四川	贵州	云南
上海	0	1	1	0	0	0	0	0	0	0	0
江苏	1	0	1	1	0	0	0	0	0	0	0
浙江	1	1	0	1	1	0	0	0	0	0	0
安徽	0	1	1	0	1	1	0	0	0	0	0
江西	0	0	1	1	0	1	1	0	0	0	0
湖北	0	0	0	1	1	0	1	1	0	0	0
湖南	0	0	0	0	1	1	0	1	0	1	0
重庆	0	0	0	0	0	1	1	0	1	1	0
四川	0	0	0	0	0	0	1	0	1	1	1
贵州	0	0	0	0	0	0	1	1	1	0	1
云南	0	0	0	0	0	0	0	0	1	1	0

数据来源：作者根据公式 4.20 数据计算得出。

一、全局自相关检验

由图 4.6 可知，2000—2020 年长江经济带生态环境风险的全局莫兰指数值域区间为-0.446 ≤ Moran's I ≤ 0.097，总体呈现下降趋势，这表明无论采用哪种空间权重矩阵，长江经济带不同地区间的生态环境风险存在空间负自相关关系。但值得注意的是，流域内不同地区之间的空间关联性呈现明显的负自相关关系，这表明流域内不同地区在开展长江保护与治理方面联系还不够紧密，面临生态环境保护的碎片化和破碎化，呈现典型的“九龙治水”“各自为政”格局，相互间缺乏合作交流，始终跳不出“一亩三分地”狭隘观念，全流域“协同治理”的“一盘棋”意识有待加强。

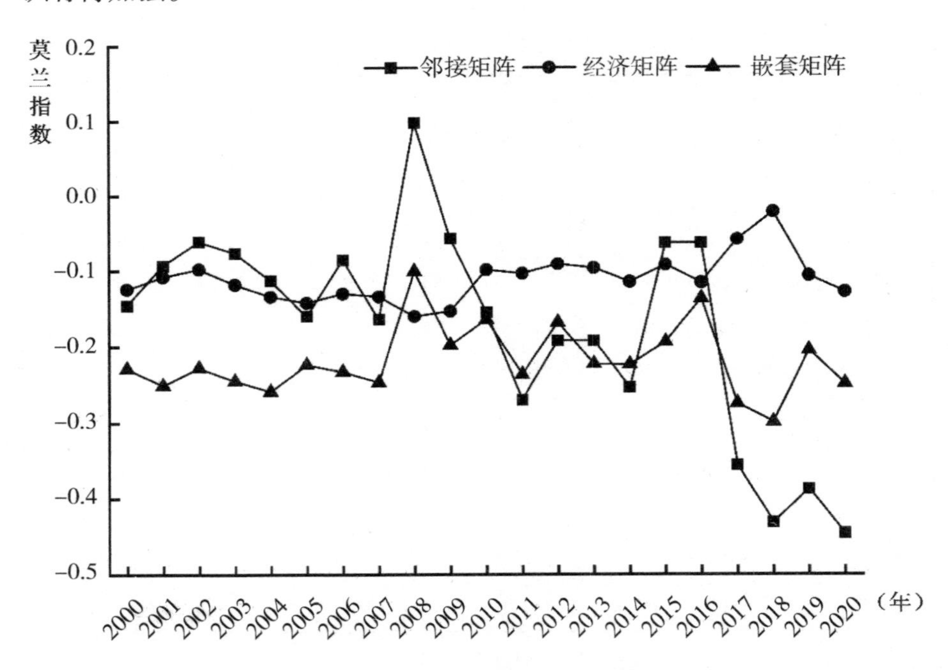

图 4.6　三种矩阵下的长江经济带生态环境风险莫兰指数

数据来源：作者根据表 4.3、表 4.6、表 4.7 和表 4.8 整理绘制。

二、局部自相关检验

为了更加直观展现长江经济带不同省份生态环境风险集聚情况及其演化轨迹，本小节将利用 Stata 17 软件并结合邻接矩阵、经济矩阵和嵌套矩阵，分别绘制2000 年、2010 年和2020 年的 Lisa 显著性水平图，详见图 4.7。

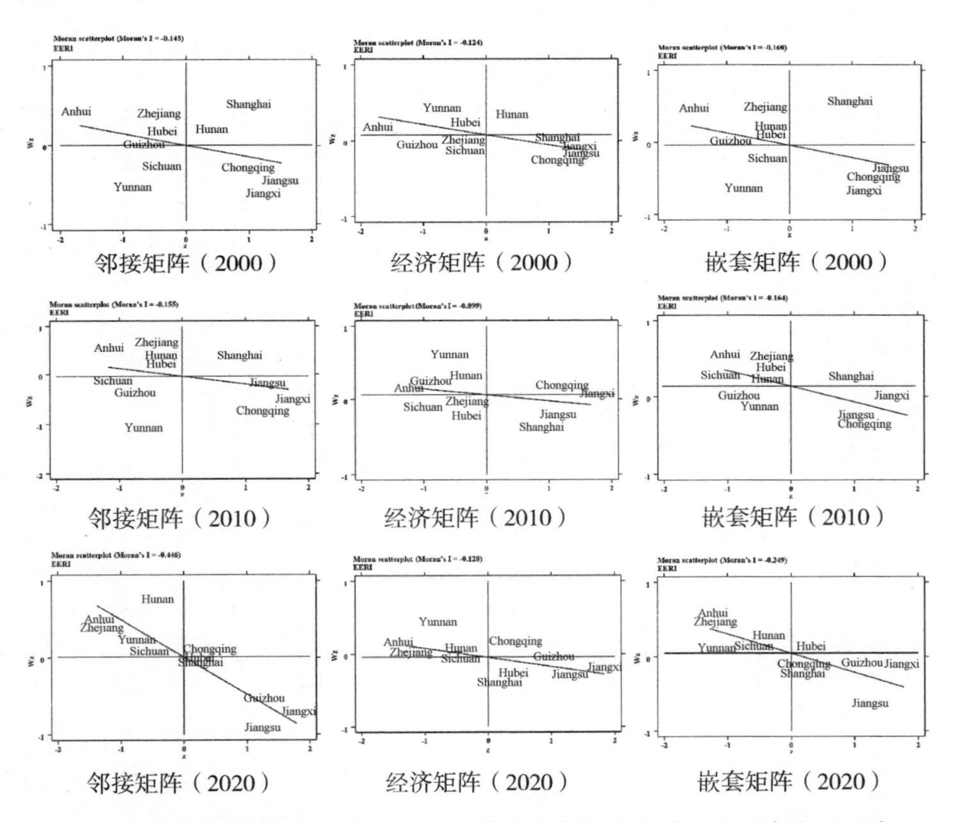

图 4.7　长江经济带生态环境风险 Lisa 显著性水平图(2000 年、2010 年和 2020 年)

数据来源：作者根据图 4.6 中数据整理绘制。

表 4.7 经济矩阵

地区	上海	江苏	浙江	安徽	江西	湖北	湖南	重庆	四川	贵州	云南
上海	0	0. 000035	0. 000086	0. 000315	0. 000137	0. 001058	0. 004156	0. 000121	0. 000478	0. 000085	0. 000111
江苏	0. 000035	0	0. 000059	0. 000032	0. 000028	0. 000036	0. 000035	0. 000027	0. 000038	0. 000025	0. 000027
浙江	0. 000086	0. 000059	0	0. 000067	0. 000053	0. 000093	0. 000087	0. 000050	0. 000104	0. 000043	0. 000048
安徽	0. 000315	0. 000032	0. 000067	0	0. 000243	0. 000243	0. 000293	0. 000195	0. 000190	0. 000117	0. 000171
江西	0. 000137	0. 000028	0. 000053	0. 000243	0	0. 000121	0. 000133	0. 000993	0. 000107	0. 000225	0. 000576
湖北	0. 001058	0. 000036	0. 000093	0. 000243	0. 000121	0	0. 001420	0. 000108	0. 000873	0. 000079	0. 000100
湖南	0. 004156	0. 000035	0. 000087	0. 000293	0. 000133	0. 001420	0	0. 000117	0. 000540	0. 000084	0. 000108
重庆	0. 000121	0. 000027	0. 000050	0. 000195	0. 000993	0. 000108	0. 000117	0	0. 000096	0. 000292	0. 001371
四川	0. 000478	0. 000038	0. 000104	0. 000190	0. 000107	0. 000873	0. 000540	0. 000096	0	0. 000072	0. 000090
贵州	0. 000085	0. 000025	0. 000043	0. 000117	0. 000225	0. 000079	0. 000084	0. 000292	0. 000072	0	0. 000370
云南	0. 000111	0. 000027	0. 000048	0. 000171	0. 000576	0. 000100	0. 000108	0. 001371	0. 000090	0. 000370	0

数据来源：作者根据《中国统计年鉴》(2021)公布的 GDP 数据并结合公式 4. 21 计算得出。

表 4.8　嵌套矩阵

地区	上海	江苏	浙江	安徽	江西	湖北	湖南	重庆	四川	贵州	云南
上海	0	0.00920	0.00983	0.00200	0.00098	0.00150	0.00112	0.00037	0.00066	0.00023	0.00026
江苏	0.00361	0	0.00670	0.00564	0.00128	0.00226	0.00141	0.00045	0.00078	0.00027	0.00029
浙江	0.00601	0.01040	0	0.00246	0.00131	0.00183	0.00135	0.00041	0.00071	0.00026	0.00028
安徽	0.00242	0.01740	0.00485	0	0.00157	0.00324	0.00171	0.00051	0.00087	0.00030	0.00031
江西	0.00161	0.00537	0.00355	0.00215	0	0.00404	0.00343	0.00059	0.00094	0.00038	0.00037
湖北	0.00142	0.00546	0.00284	0.00255	0.00232	0	0.00343	0.00072	0.00111	0.00041	0.00039
湖南	0.00111	0.00355	0.00218	0.00140	0.00205	0.00356	0	0.00084	0.00121	0.00055	0.00047
重庆	0.00068	0.00208	0.00122	0.00077	0.00065	0.00137	0.00154	0	0.00411	0.00106	0.00079
四川	0.00059	0.00178	0.00104	0.00064	0.00051	0.00105	0.00110	0.00203	0	0.00068	0.00078
贵州	0.00064	0.00190	0.00116	0.00069	0.00064	0.00120	0.00154	0.00160	0.00209	0	0.00116
云南	0.00050	0.00143	0.00088	0.00051	0.00043	0.00080	0.00092	0.00086	0.00171	0.00082	0

数据来源：作者根据《中国统计年鉴》(2021)公布的 GDP 数据以及各省市中心城市经纬度坐标，利用公式 4.22 计算得出。

根据李世祥等(2020)和 Bai 等(2022)的研究成果，可将 Lisa 显著性水平图分为四种类型。其中位于第一象限的是高值与高值集聚，表明本地区与邻近地区的生态环境风险指数都较高，相互间差异性较小，简称高高集聚(High-High)；位于第二象限的是低值与高值集聚，表明本地区生态环境风险指数较低但邻近地区的指数较高，彼此间差异性较大，简称低高集聚(Low-High)；位于第三象限的是低值与低值集聚，表明本地区与邻近地区的生态环境风险指数都较低，彼此间空间差异性不明显，简称低低集聚(Low-Low)；位于第四象限的是高值与低值集聚，表明本地区的生态环境风险指数较高而邻接地区指数则较低，存在显著的空间差异性，简称高低集聚(High-Low)。

由图 4.7 可知，2000—2020 年，长江经济带生态环境风险主要集聚在第二象限和第四象限，大部分省份始终处于低高集聚或高低集聚模式之中，这意味着长江经济带沿线各地区面临的生态环境风险空间差异性问题较为突出，相互间的生态环境风险存在不同程度的“脱节”现象，且呈现一定程度的空间负自相关属性，这也与本章全局自相关检验的结论相一致。为了更加直观呈现长江经济带各省份的生态环境风险集聚情况，本小节以嵌套矩阵计算结果为例，对 2000 年、2010 年和 2020 年的 Lisa 显著性水平地区分布情况进行统计，见表 4.9。

表 4.9　长江经济带生态环境风险的 Lisa 显著性水平地区分布

年份	高高集聚	低高集聚	低低集聚	高低集聚
2000	上海	浙江、安徽、湖南、湖北、贵州	四川、云南	江苏、重庆、江西
2010	上海	浙江、安徽、湖南、湖北、四川	贵州、云南	江苏、江西、重庆
2020	湖北	浙江、安徽、湖南、云南、四川	/	上海、重庆、贵州、江西、江苏

数据来源：作者根据图 4.7 中数据整理绘制。

一是从动态演化的稳定性角度而言，在样本研究期内，长江经济带沿线地区在生态环境风险的演化波动程度不明显，长期处于较为稳定状态，未出现大规模变动状况。

二是需要特别指出，在三种空间矩阵前提条件下，安徽始终位于第二象限，也就意味着该省的生态环境风险指数始终处于较低水平，而周围其他省份生态环境风险指数较高，安徽与周边其他省之间的空间差异性较大，始终被邻近地区的高风险地区所包围。

综上所述，长江经济带不同地区面临的生态环境风险空间差异性较大，且这种空间差异性长期以来都未得到根本改变。因此，从流域协同发展角度来看，应通过强有力的政策创新、市场条件和政府支持等手段，打破行政区划"治理藩篱"，构建上中下游共同治理、协同推进的流域生态环境风险治理格局，进而缩小全流域在生态环境风险方面的差距和鸿沟，这是实现长江经济带高质量发展亟须解决的问题。

第六节　本章小结

本章利用生态环境风险指数模型、Dagum 基尼系数及其差异分解法、核密度估计法和莫兰指数，实证估算了长江经济带生态环境风险指数，揭示了其空间差异、时空演化和空间关联特征，主要结论如下：

一是构建包括生态环境受体、生态环境风险压力和表征、生态环境风险响应四部分的长江经济带生态环境风险指数评价指标体系，并对流域沿线 11 省市 2000—2020 年生态环境风险指数进行了测算且划分了风险等级。结果显示，长江经济带生态环境风险指数为 50. 25~92. 16，平均值为 68.75，表示长江经济带生态环境处于“较高风险”状态，生态环境保护与治理状况不容乐观。其中，江苏的生态环境风险等级在长江经济带是最高的，而安徽的风险等级则是最低的。

二是基于 Dagum 基尼系数及其差异分解方法分别测算了长江经济带生态环境风险的总体基尼系数、流域内基尼系数、流域间基尼系数及其贡献率。从总体角度看，样本研究周期内长江经济带生态环境风险指数总体基尼系数呈现“下降—上升—下降—上升—下降—上升—下降—上升—下降”的演变特征，总体基尼系数基本保持在 0.2 水平以下，意味着长江经济带的生态环境风险内部差异变化不大，除个别年份出现波动上升以外，总体呈小幅度下降态势。从流域内角度看，长江经济带上中下游地区的生态环境风险状况“摆动”幅度较为显著，其内部差异特征也各不相同。具体来说，下游地区是整条长江经济带内部差异最大的地区，其次是上游地区，最后是中游地区。但需要注意的是，2000—2020 年长江经济带上游地区和下游地区内部差异系数大致呈下降趋势，而中游地区则出现轻微“上扬”现象。从流域间角度看，三大流域间的空间差异在逐渐缩小，但上游和下游流域间的空间差异程度明显高于上游和中游流域间以及中游和下游流域间，而中游和下游流域间则高于上游和中游流域间。其中，上游和中游流域间的空间差异基尼系数波动幅度是最显著的，表现出非常不稳定的空间差异性特征。从差异来源及其贡献率角度看，样本研究期内超变密度贡献率对长江经济带生态环境风险的影响程度是最大的，年平均贡献率为 42.61%，而流域内年均贡献率为 29.55%，流域间贡献率则为 27.84%。但就贡献率波动幅度而言，超变密度贡献率变化程度是最小的，年平均降幅约为 0.70%，而同期流域内贡献率降幅为 1.57%，流域间贡献率则呈现小幅度增长态势，年均增长幅度为1.23%。

三是运用核密度估计法对长江经济带生态环境风险的分布特征、演化形态和延展趋势等演进规律进行刻画。从分布特征来看，整条长江经济带核密度曲线自下游向中上游地区移动，大致呈现“上升—下降”发展趋势，且在样本研究期内，核密度值都保持在较低水平，说明长江经济带生态环境持续向好趋势明显，流域各类生态环境污染风险得到有效遏制，风险传导和扩散通道得到有效抑制，长江生态环境质量不断提高；从演化形态来看，长江经济带核密度曲线呈现小幅度上升趋势，曲线“陡峭”程度越发明显，右拖尾现象严重，说明其内部不同地区间的生态环境风险差距有增加趋向，但依目前来看，这种趋向还不明显。具体而言，上游和下游地区核密度曲线演化有“上升”现象，曲线宽度逐渐收窄，流域内风险空间差异有增大的可能性。而中游地区核密度曲线总体呈下降趋势，其内部生态环境风险空间差异正在逐渐缩小。从延展趋势来看，长江经济带及其上游地区生态环境风险延展性经历了“小幅收窄—轻微拓宽—略微收敛”的动态演变过程，且呈现出一定程度的收敛特征。而中游地区和下游地区的核密度曲线波动幅度较大，表明其内部间的生态环境风险空间差异有进一步扩大的可能性。

四是利用莫兰指数法检验了长江经济带生态环境风险的空间自相关属性。从全局自相关角度看，分别采用邻接矩阵、经济矩阵和嵌套矩阵测算了长江经济带全局莫兰指数，其值域范围[-0.446, 0.097]，表明长江经济带生态环境风险存在显著的空间自相关，但这种空间自相关性还不够紧密，主要是由于不同地区间缺乏合作交流、各自为政，存在固守自己“一亩三分地”的狭隘观念，协同治理的“一盘棋”意识匮乏；从局部自相关角度看，通过绘制2000年、2010年和2020年Lisa显著性水平图发现，大多数长江经济带地区都位于第二象限或第四象限，即呈现出典型的低高集聚或高低集聚模式，这意味着长江经济带在生态环境风险方面面临一定程度的空间差异性问题，即流域沿线不同地区间在生态环境风险治理与保护方面存在“脱节”问题。

第五章　长江经济带城镇化对生态环境风险的影响效应分析

城镇化是长江经济带生态环境风险的主要来源，其伴随产生的工业三废超标排放、交通拥挤、植被破坏和生物多样性减少等问题，使得长江经济带生态环境风险治理面临诸多危机挑战，制约着长江经济带生态环境可持续发展。作为我国人口集聚、土地利用程度高和城镇化体系完整的巨型流域经济带，长江经济带生态环境是一个完整的系统，上游、中游和下游彼此之间相互关联、互为依存和空间互补，这也就决定了长江经济带城镇化中的生态环境风险治理必须突破单一行政界限、部门和行业差异，以破除风险治理中的破碎化、碎片化和细碎化问题，达到防范化解重大生态环境风险、维护总体国家安全观的目的。近年来，受国家一揽子“政策红利”和黄金水道“虹吸效应”影响，长江经济带城镇化已从数量增长转向质量提升阶段，进入城镇化发展“中后期”。城镇快速发展的背后，意味着人口规模化集聚程度更高、用地矛盾更加紧张、城市生态环境空间受积压程度更强，产生诸如黑臭水体、垃圾围城、颗粒物污染、噪声超标和交通拥挤等“大城市诟病”，进而导致土地利用紧张、能源资源紧缺、社会服务供给不足和基础设施建设滞后，内部生态环境系统也发生剧烈变化，生态环境承载力下降，抵御外部性风险的能力变弱，从而使得长江经济带城镇化朝着极化和失衡方向加速偏移。

党的二十大报告强调“实施区域协调发展战略”，提出以“共抓大保护、不搞大开发”为导向推动长江经济带发展。实现长江经济带城镇化与生态环境风险治理协调发展，关键要在“共”字上下功夫，重点要在生态环境公共服务共建共享、协同保护联防联控和基础设施互联互通等方面“做文章”。强调从共抓角度协同推进长江经济带生态环境风险治理，主要是因为长江是我国重要的生态宝库，不仅跨越我国青藏高原、横断山脉和长江中下游平原三大阶梯，地质地貌类型多样，生态系统结构复杂，而且流经区域多位于我国传统生态环境敏感区和脆弱区，内部山水林田湖浑然一体、不可分割，是一种极其特殊的公共财产，具有天然的不可分割性、非排他性和非竞争性等特点（李海生等，2021）。

一直以来，长江经济带城镇化与生态环境问题都是国内外学者关注的热点问题。鉴于第一章国内外相关研究进展已经就该问题进行了详细论述，这里就不再展开论述。结合前述研究，现有文献关于长江经济带城镇化对生态环境风险的影响研究还有很大提升空间。一是从研究视角来看，现有研究较多关注长江经济带城镇化与生态环境的耦合协调效应，包括影响因素、协调度和时空分异，而从空间角度分析长江经济带城镇化对生态环境风险的影响研究较少；二是从研究方法来看，缺乏采用空间计量方法分析长江经济带城镇化对生态环境风险的空间影响效应；三是从研究思路来看，少有研究将交通要素纳入长江经济带城镇化对生态环境风险的评价体系，构建包括经济要素、人口要素、土地要素、社会要素和交通要素，能源利用、环境污染和规制等的多维分析框架。基于此，本章通过构建包括经济、人口、土地、社会等多重因素的影响评价指标体系，并利用空间杜宾模型，实证分析长江经济带城镇化对生态环境风险的影响效应，相关结论能够为今后长江经济带城镇化发展、生态环境保护政策制定提供参考依据。

第一节 模型构建

一、实证模型

(一)空间计量模型

长江经济带城镇化中的生态环境风险并非孤立存在，而是与其他地区呈现明显的空间关联性。正如美国地理学家 Tobler(1970)提出“Everything is related to everything else，but near things are more related to each other”，换句话就是“任何物质与其他物质都是相关的，且相近的物质关联性更为紧密”，这被称为“地理学第一定律”。据此，我们可以发现，长江经济带生态环境风险在空间上必然存在关联属性，而且本书第四章中通过计算“全局莫兰指数”和“局部莫兰指数”也证实了确实存在空间自相关性。因此，可以考虑构建包括空间因素的空间计量模型以便进行更深入分析。空间计量经济学概念，最先是由 Paelinck(1979)提出，至今已经形成比较完善的理论框架和研究范式，并在区域经济、资源环境和经济增长等领域广泛应用。目前，常见的空间计量模型有空间误差模型(SEM)、空间自回归模型(SAR)和空间杜宾模型(SDM)。上述三种模型应用场景各有不同，适用范围也有所差异。空间误差模型(SEM)适用于由所处位置不同而造成空间事物或个体相互作用而产生的差异，空间事物或个体间的互为影响是通过误差项体现的，表达式见公式 5.1。

$$\begin{cases} Y = X\beta + \varepsilon \\ \varepsilon = \rho W\varepsilon + \mathrm{v} \end{cases} \Rightarrow Y = X\beta + \frac{v}{1 - \rho W} \tag{5.1}$$

式中：

$$\begin{cases} Y = \begin{bmatrix} Y_1 \\ Y_2 \\ \vdots \\ Y_n \end{bmatrix}_{n*1}, \quad \mathrm{X} = \begin{bmatrix} X_1 \\ X_2 \\ \vdots \\ X_n \end{bmatrix}_{n*1} \\ \mathrm{W} = \begin{bmatrix} W_{11} & W_{12} & W_{13} & \cdots & W_{1n} \\ W_{21} & W_{22} & W_{23} & \cdots & W_{2n} \\ \vdots & \vdots & \vdots & \vdots & \vdots \\ W_{n1} & W_{n2} & W_{n3} & \cdots & W_{nn} \end{bmatrix} \\ \varepsilon = \begin{bmatrix} \varepsilon_1 \\ \varepsilon_2 \\ \vdots \\ \varepsilon_n \end{bmatrix}_{n*1}, \quad \beta = \begin{bmatrix} \beta_1 \\ \beta_2 \\ \vdots \\ \beta_n \end{bmatrix}_{n*1} \end{cases} \tag{5.2}$$

公式 5.1 中，Y 代表被解释变量，X 是解释变量，β为对应的系数向量，ρ 为空间自回归系数($\rho > 0$，表示正相关；$\rho < 0$，表示负相关)，ε 是误差项，W 是 $n*n$ 阶的对称空间权重矩阵，ν 是独立同分布的扰动项。

空间自回归模型(SAR)适用于邻近事物或个体的行为对系统内部其他事物或个体的影响程度，表达式见公式 5.3。

$$Y = \rho WY + X\beta + \varepsilon \tag{5.3}$$

其中，WY 表示空间滞后解释变量，其他变量含义参见公式 5.1 中的解释。

空间杜宾模型（SDM）是空间误差模型和空间自回归模型的一般形式，可通过设定不同线性约束条件，退化为空间误差模型或空间自回归模型。其模型优点在于不仅考虑空间滞后的解释变量和被解释变量对被解释变量的作用程度、影响方式，还能够反映不同空间事物或个体对邻近事物或个体的溢出程度。本章所采用的空间杜宾模型是在借鉴 Anselin 等的研究成果基础上得出的（见公式 5.4）。

$$Y = \rho WY + X\beta + WX\theta + \mu + \lambda + \varepsilon \tag{5.4}$$

公式 5.4 中，μ 表示空间效应，λ 是时间效应，θ 是变量估计系数，其他变量含义参见公式 5.1 中相关解释。为验证空间杜宾模型是否可以退化为空间误差模型或空间自回归模型，本章利用 Wald Test（沃尔德检验）对原假设 H_0^1：$\beta_2=0$ 和 H_0^2：$\beta_2+\rho\beta_1=0$ 进行相关性检验。当原假设 H_0^1 和 H_0^2 都被拒接时，表示选择空间杜宾模型要优于空间误差和空间自回归模型。

需要特别指出的是，利用空间计量模型进行分析之前，需判断是使用固定效应还是随机效应。本章在借鉴罗能生等（2013）和其他学者的研究方法基础上，通过引入 Hausman Test（豪斯曼检验）以最终判断选取何种效应。

（二）空间效应分解

空间杜宾模型的重要作用是可以对空间效应进行分解，即分解为直接效应、间接效应和总效应。现有文献关于空间效应分解方法的推算结果，主要是依据 Lesage 和 Pace（2009）提出的“空间回归模型偏微分方法”得出的。如下所示：

$$Y = \frac{X_i}{1 - \rho W}(\beta_i + W\theta_i) + \frac{\mu_i}{1 - \rho W} + \frac{\lambda_i}{1 - \rho W} + \frac{\varepsilon_i}{1 - \rho W}$$

$$\Downarrow$$

$$Y = X_i(1 - \rho W) - 1(\beta_i + W\theta_i) + (1 - \rho W) - 1(\mu_i + \lambda_i + \varepsilon_i) \tag{5.5}$$

进一步可推导为：

$$Y = \sum_{i=1}^{z} S_i(W)X_i + V(W)(\mu + \lambda + \varepsilon) \tag{5.6}$$

其中，$S(W)=V(W)(\beta_i+W\theta_i)$，$V(W)=(1-\rho W)^{-1}$。$z$ 代表指标体系中的解释变量数量，X_i是第 r 个解释变量($i\in[1,\ z]$)，β_i代表第 r 个解释变量的回归系数，θ_i是加入空间权重矩阵后的第 r 个解释变量估计系数。

根据公式 5.6，将被解释变量 Y 和解释变量 X 求偏导后得出公式 5.7：

$$\begin{bmatrix} \frac{\partial Y_1}{\partial X_{1z}} & \cdots & \frac{\partial Y_1}{\partial X_{nz}} \\ \frac{\partial Y_2}{\partial X_{1z}} & \cdots & \frac{\partial Y_2}{\partial X_{nz}} \\ \vdots & \vdots & \vdots \\ \frac{\partial Y_n}{\partial X_{1z}} & \cdots & \frac{\partial Y_n}{\partial X_{nz}} \end{bmatrix} = V(W)\begin{bmatrix} \beta_z & W_{12}\theta_z & \cdots & W_{1n}\theta_z \\ W_{21}\theta_z & \beta_z & \cdots & W_{1n}\theta_z \\ \cdots & \cdots & \ddots & \cdots \\ W_{n1}\theta_z & W_{nz}\theta_z & \cdots & \beta_z \end{bmatrix} \tag{5.7}$$

公式 5.7 中，最右侧方程矩阵中主对角线上元素的算术平均值即直接效应，用以衡量解释变量对本地区被解释变量的影响程度；非对角线上元素的算术平均值为间接效应，也可以理解为溢出效应，用于检验解释变量对邻近地区被解释变量是否存在空间溢出效应及其影响程度。

除上述空间计量模型及其分解方法以外，研究过程中还要对长江经济带生态环境风险自相关性进行检验，需要用到的方法有莫兰指数和空间权重矩阵 W，鉴于本书第四章已经详细介绍其各自基本原理和估算方法，并结合实际分别测算了三种空间权重矩阵（W^1、W^2 和 W^3，见表 4.6、表 4.7 和表 4.8）和莫兰指数（图 4.6），以及绘制了 Lisa 显著性水平图（图 4.7），检验得出长江经济带不同地区间生态环境风险确实存在一定的空间自相关性。因此，关于莫兰指数和空间权重矩阵方法及测算过程，这里就不再过多阐述。具体过程参见本书第四章第一节和第五节相关内容。

二、指标构建

鉴于本书第二章已将城镇化定义为包括经济、人口、土地和社会等多维要素的复合概念，因此本小节将从经济城镇化、人口城镇化、土地城镇化和社会城镇化四方面对城镇化进行分解（与传统城镇化理解有差异），并将能源利用、环境污染和规制等控制要素纳入评价指标体系，从而构建完整的指标体系，为探究长江经济带城镇化对生态环境风险的影响效应提供科学支撑（见表 5.1）。

（一）被解释变量

主要包括生态环境风险指数（EERI），用于表示经济社会发展过程中由资源开发、利用和经济增长等而对生态环境所造成的破坏程度。

（二）解释变量

既有研究常用城镇常住人口与总人口的比值表示城镇化水平，但城镇化的过程，实际上是区域经济社会时空演化的集中体现，不仅仅体现在人口方面，而且在经济、社会和土地等方面亦有体现。因此，可将城镇化分解为经济城镇化、人口城镇化、土地城镇化和社会城镇化四方面（方创琳等，2015）。

经济城镇化是城镇经济发展规模的集中体现，是一个国家或地区经济最密集、发展程度最高的区域。选择人均 GDP(*pgdp*)和二、三产业比重(*isp*)两个变量作为经济城镇化的衡量指标，原因是：第一，人均 GDP 是衡量一个国家或地区宏观经济发展水平的有效工具和重要指标，更能真实反映宏观经济实际，一般常用国内生产总值与该地区常住人口数的比重表示；第二，城镇经济发展主要驱动力是工业和服务业，工业和服务业的繁荣发展，对扩大城镇经济发展规模有着至关重要的作用。因此，选取二、三产业比重变量，能够更加真实反映城镇经济发展水平。二、三产业比重变量用第二产业和第三产业产值占国内生产总值比重表示。

人口城镇化是非城镇人口向城镇转移，城镇人口占总人口的比重持续增加的过程。如果仅仅使用城镇人口占总人口的比重作为人口城镇化的统计指标，并不能够科学反映人口城镇化的真实水平。本指标体系选取人口密度(*pd*)以及从事第二和第三产业就业数两个变量作为人口城镇化的统计变量，原因是：第一，人口密度指的是单位城镇面积上的人口数量，就其含义本身而言，更能够真实反映居住在城镇土地上并赖以生存的人口疏密程度，具有较强的统计学意义；第二，城镇人口中，主要以从事第二产业和第三产业为主，是城镇人口就业的主要去向。此外，大量农村转移劳动力，进入城镇后也主要从事制造业、服务业及相关行业。因此，本指标体系在构建过程中将二、三产业就业数变量作为人口城镇化的另一个统计变量。

土地城镇化是城镇边界在空间范围上的动态扩张。其中，城镇建设和交通设施是城镇土地扩张的主要方面。本指标体系选取人均建成区面积(*pba*)、人均城市道路面积(*pra*)两个变量作为土地城镇化的代表变量，原因是：第一，人均建成区面积是反映城镇行政区内实际已完成开发建设、市政设施和公共设施等基本具备区域的人均水平，一般用建成区面积除以人口总数表示，是土地城镇化发展水平的常用变量；第二，城市道路是与人民群众日常生活息息相关的重要基础设施，其在建设、运营过程中，会占用大量城镇土地，一定程度上会破坏城镇生态环境，增加城镇生态环境风险。因此，选用人均城市道路面积变量反映城市交通因素对生态环境风险的影响。

社会城镇化是城镇生产生活方式扩散传播的结果，集中体现在社会消费品零售额和固定资产投资两方面，原因是：第一，城镇社会消费品零售额越大，表明城镇居民社会生活消费力就越强，社会发展过程中所能提供的商品和服务供给就越充盈；反之，城镇居民社会生活消费力就越弱，商品和服务供给就越匮乏。常用城镇社会消费品零售总额与总人口的比值表示(*psct*)。第二，固定资产投资对推动城镇经济社会发展的重要引擎。固定资产投资规模越大，对城镇化发展的带动作用就越强；相反，固定资产投资规模越小，其对城镇化发展的带动作用就越弱。从某种程度上看，固定资产投资是一种资产的再生产活动，可以在一定程度上反映社会城镇化发展水平。常用固定资产投资额与总人口的比值表示(*pfa*)。

(三)控制变量

考虑到生态环境风险多来源于不合理的能源消耗、环境污染排放和治理等，因此本指标体系从能源利用、环境污染和环境规制三方面选取相关控制变量，以不断丰富完善指标体系，具体指标解释如下：

人均能源消费量(*pec*)是落实国家“碳达峰、碳中和”国家战略、实现节能减碳和优化能源利用结构的重要内容，常用一个国家或地区年度能源消费总量除以人口总数表示；

单位面积碳排放量(*pco*)是指单位土地面积上的二氧化碳排放量，

用以反映经济增长、土地利用、人口集聚和社会发展进程中的碳排放水平，是衡量城镇低碳发展、绿色减排的重要指标；

表 5.1 指标体系

一级指标	二级指标	具体指标	缩写	研究者(年份)
长江经济带城镇化对生态环境风险的影响效应	生态环境风险	生态环境风险指数	*eeri*	沈鸿飞等(2011)，姚尧等(2012)，雍凯婷(2022)
	经济城镇化	人均 GDP	*pgdp*	陆大道(2015)
		二、三产业比重	*isp*	朱孔来(2011)，韩永辉(2016)
	人口城镇化	人口密度	*pd*	朱高立(2018)，李智礼(2020)
		二、三产业就业数	*isep*	金凤君(2020)
	土地城镇化	人均建成区面积	*pba*	俞孔坚(2010)，佟连(2017)
		人均城市道路面积	*pra*	汪德根和孙枫(2018)
	社会城镇化	人均社会消费品零售额	*psct*	王逸初(2022)
		人均固定资产投资	*pfa*	刘江帆(2022)
	能源利用	人均能源消费量	*pec*	武晓利(2017)，王巍等(2021)
	环境污染	单位面积碳排放量	*pco*	Chikaraishi(2015)
	环境规制	人均公共绿地面积	*pga*	顾成林(2012)，董家华(2021)
		污染投资额与 GDP 之比	*ppa*	Qin(2021)，陈志刚(2022)

人均公共绿地面积(*pga*)是反映城市公共基础设施水平、提升人民群众生活环境质量和促进生态环境保护的指标之一，主要包括兼具游玩和服务设施的公园绿地、广场用地和附属绿地等；

污染投资额与 GDP 之比(*ppa*)是指一个国家或地区用于生态环境治

理方面投资额占国内生产总值的比重。

三、数据来源与处理

（一）数据来源

被解释变量生态环境风险指数由作者计算得出，见表4.3。

解释变量人均GDP，二、三产业比重，人口密度，二、三产业就业数，人均建成区面积，人均城市道路面积，人均社会消费品零售额，人均固定资产投资数据来源于EPS数据库①和《中国统计年鉴》(2000—2021)。

控制变量人均能源消费量数据来源于《中国能源统计年鉴》(2000—2020)，其中部分缺失数据通过各省市统计年鉴及统计公报补齐；人均公共绿地面积、污染投资额与GDP之比数据来源于《中国统计年鉴》(2000—2021)和EPS数据库。单位面积碳排放量数据测算方法借鉴联合国政府间气候变化专门委员会IPCC(2006)、陈诗一(2011)和李世祥等(2013)的研究成果，以原煤、原油和天然气三种一次能源为基准核算长江经济带11个省市的碳排放量(公式5.8)，进而利用测算得出的碳排放量除以土地面积得出单位面积碳排放量。

$$CO = \sum_{j=1}^{3} E_j \times NCV_j \times CEF_j \times COF_j \times \frac{44}{12} \tag{5.8}$$

CO是估算的碳排放量，j为一次能源消费品种($j=1, 2, 3$，包括原煤、原油和天然气)，NCV、CEF、COF分别代表平均低位发热量、碳排放系数和碳氧化因子，44/12表示碳分子含量。上述三种一次能源折标煤系数见表5.2。

① EPS数据库是一个集丰富的数值型数据资源和强大的经济计量系统为一体的数据信息服务平台，包含宏观经济、区域经济、资源环境等多个数据库集群，拥有93个数据库，数据总量超40亿条，在公共管理、资源环境和应用经济等领域具有较高认可度。

表 5.2 折标煤系数

能源品种	平均低位发热量（千焦/千克，千焦/平方米）	碳排放系数（千克/百万千焦）	碳氧化因子	折算后的碳排放系数（标准煤/吨）
原煤	20908	26	0.99	0.7143
原油	41816	20	1	1.4286
天然气	38931	15.3	1	1.3300

数据来源：作者根据《中国能源统计年鉴》和 IPCC(2006)相关数据整理绘制。

(二)数据处理

一是鉴于本研究的时间跨度较大，以及不同地区统计口径不一致或统计数据缺失等原因，部分变量指标数据残缺。为保障研究顺利进行，本研究运用插值法补齐了所有缺失数据。二是表 5.1 中描述城镇化的具体指标(除人口密度和二、三产业就业数)使用平均数表示，能够反映整个面板数据的实际情况。三是为避免数据差异过大对整个计算结果的影响，在数据处理过程中，本小节在计算过程中对所涉及的变量数据取自然对数(变量指标描述性统计见表 5.3)。

表 5.3 变量指标描述性统计

变量名称	最大值	最小值	平均值	标准差
eeri	92.16	50.25	68.75	8.10
pgdp	157279.00	2661.56	36900.05	31113.31
isp	99.70	72.72	88.03	6.21
pd	4822.00	237.00	2320.16	1108.68
isep	98.03	26.12	62.14	17.69
pba	56.47	7.76	27.77	11.93
pra	25.62	3.90	12.77	5.22
psct	64037.38	915.07	14029.82	12422.95
pfa	97684.36	1056.92	23901.26	20218.58

续表

变量名称	最大值	最小值	平均值	标准差
pec	4.86	0.56	2.29	1.02
pco	30753.93	157.96	3817.06	7204.31
pga	18.13	2.20	10.03	3.49

数据来源：作者根据《中国统计年鉴》《中国能源统计年鉴》《中国环境统计年鉴》以及 EPS 数据库公布的数据整理绘制。

第二节　空间杜宾模型实证检验

一、相关显著性检验

由于本书第四章第五节已经实证分析了长江经济带生态环境风险存在空间自相关属性，因此，可考虑利用空间计量模型进行相关检验。在进行模型检验前，本书运用 Wald 检验和 LR 检验对相关变量进行显著性检验，具体结果见表 5.4。

表 5.4　Wald 检验和 LR 检验分析结果

权重矩阵	Wald-spatial-lag	Wald-spatial-error	LR-spatial-lag	LR-spatial-error
W^1	199.59***	90.73***	46.92***	19.41*
W^2	455.36***	121.51***	58.38***	11.85*
W^3	74.63***	32.14***	41.88***	0.41*

注：*、**、***分别表示在 10%、5%和 1%的显著水平。
数据来源：作者根据整理数据计算得出。

表 5.4 中，在 W^1 矩阵中，Wald-spatial-lag 和 LR-spatial-lag 的值分别为 199.59、46.92，在 1%的水平上显著；Wald-spatial-error 和 LR-spatial-error 的值分别为 90.73、19.41，分别在 1%和 10%的水平上显著。

在 W^2 矩阵中，Wald-spatial-lag 和 LR-spatial-lag 的值分别为 455.36、58.38，均在 1%的水平上显著且拒绝退化为原假设；Wald-spatial-error 的值为 121.51，在 1%的水平上显著，LR-spatial-error 的值为 11.85，在 10%的水平上显著。

在 W^3 矩阵中，Wald-spatial-lag、Wald-spatial-error 和 LR-spatial-lag 的值依次为 74.63、32.14 和 41.88，都在 1%的水平上显著。与此同时，LR-spatial-error 的值为 0.41，在 10%的水平上显著。

综合检验结果，同时参照模型选取准则以及已有研究成果，可以看出采用空间杜宾模型要优于空间自回归模型和空间误差模型。本章最终选择空间杜宾模型开展分析研究。一方面是因为空间杜宾模型是空间误差和空间自回归模型的一般形式，是包含与被包含关系；另一方面是因为 Wald 检验和 LR 检验结果表明采用空间杜宾模型分析具有可行性，且至少在 10%的水平上显著。基于此，下文关于长江经济带城镇化对生态环境风险的影响效应分析，都将基于空间杜宾模型进行相关分析检验。

选取固定效应还是时间效应进行空间杜宾模型分析是本小节亟待解决的另一个重要问题。参照 Baltagi（2001）、陈强（2010）和邵帅等（2019）的研究成果，本研究采用 Hausman Test（豪斯曼检验）进一步确定选取何种效应进行空间计量模型分析（见表 5.5）。

表 5.5　Hausman 检验结果

	Chi-square	p
Hausman	180.22	0.000

数据来源：作者根据整理数据计算得出。

由表 5.5 可知，Hausman 检验的 p 值为 0.000，通过 1%的显著性水平检验，也就是说本研究应选择固定效应而不是随机效应开展空间计量模型检验。

二、空间杜宾模型结果分析

表5.6中，个体固定效应拟合优度R^2的值分别为0.4610、0.4920和0.2929，整体来看，个体固定效应空间杜宾模型数值拟合效果较好，再次证明了选择该模型是正确的。因此，本小节将以个体固定效应模型为例，实证分析长江经济带城镇化对生态环境风险的空间影响效应。

表5.6中，在三种空间矩阵下，在未加入空间滞后项W时，人均GDP的回归系数分别为0.0960、0.3249和0.2648，且通过了统计检验（10%以上的显著性水平），表明人均GDP的增加，会通过地理或者是经济因素与本地区生态环境风险发生关联，从而产生正向空间效应，进而增加本地区出现生态环境风险的可能性。在加入空间滞后项W之后，邻接矩阵中的人均GDP系数仍然为正（0.0105），但没有通过任何显著性检验。然而，经济矩阵和嵌套矩阵中的人均GDP系数值分别为-0.236、-0.2281，p值均小于0.01，存在显著的负向空间效应。产生这种现象的原因可以归纳为：一是地理空间上的产业转移。在城镇化过程中，受高质量经济增长目标考核影响，经济带内一些经济发达地区高能耗、高污染产业向中上游相对欠发达区域转移。产业空间转移虽然可以在短时间内带动相对欠发达地区经济发展，但伴随产生的土地污染、大气污染和生物多样性减少等负面问题，破坏相对欠发达地区生态环境、扰乱其生态系统正常运转，生态环境风险发生的概率随之增加。二是经济地理双重因素驱动下的流域经济带协同治理成效凸显。近年来，受国家一系列长江经济带政策驱动影响，强调全流域从协同参与视角开展长江经济带发展建设，要求各地区树立全流域"一盘棋"思维，突出产业统筹发展、生态环境联防联控、灾害防治齐抓共管，进一步打破地理环境要素对长江经济带生态环境风险的影响。

表 5.6　空间杜宾模型估计结果

变量名称	个体固定			时间固定			双固定		
	W_1	W_2	W_3	W_1	W_2	W_3	W_1	W_2	W_3
ln*pgdp*	0.0960* (1.68)	0.3249*** (5.36)	0.2648*** (4.32)	0.182*** (3.37)	0.3520*** (5.28)	0.3078*** (5.20)	0.212*** (3.76)	0.3595*** (5.23)	0.3419*** (5.57)
ln*isp*	−0.5150** (−2.08)	0.0270 (0.12)	−0.1244 (−0.56)	−0.598** (−2.53)	−0.1378 (−0.63)	−0.1747 (−0.75)	−0.5651** (−2.40)	−0.1451 (−0.66)	−0.1149 (−0.48)
ln*pd*	−0.0181* (−1.85)	0.0019 (0.20)	−0.0074 (−0.77)	−0.0195** (−2.13)	−0.0118 (−1.21)	−0.0184* (−1.96)	−0.0209** (−2.26)	−0.0147 (−1.47)	−0.0228** (−2.34)
ln*isep*	0.0952** (2.25)	0.2409*** (5.22)	0.1613*** (3.80)	0.129*** (3.20)	0.2553*** (5.07)	0.2299*** (4.96)	0.1373*** (3.36)	0.2551*** (5.02)	0.2253*** (4.81)
ln*pba*	0.0388 (0.86)	−0.0102 (−0.27)	0.0104 (0.27)	0.0609 (1.46)	0.0265 (0.71)	−0.0046 (−0.11)	0.0497 (1.17)	0.0167 (0.44)	−0.0157 (−0.38)
ln*pra*	0.0076 (0.29)	−0.0513** (−2.41)	−0.0492** (−2.20)	0.0027 (0.11)	−0.0684*** (−3.39)	0.0053 (0.20)	0.0016 (0.06)	−0.0706*** (−3.45)	0.0080 (0.31)
ln*psct*	−0.1090** (−2.42)	−0.2903*** (−5.87)	−0.2400*** (−4.83)	−0.188*** (−4.26)	−0.3427*** (−6.47)	−0.2888*** (−5.95)	−0.2099*** (−4.59)	−0.3514*** (−6.51)	−0.3137*** (−6.28)

续表

变量名称	个体固定			时间固定			双固定		
	W_1	W_2	W_3	W_1	W_2	W_3	W_1	W_2	W_3
ln*pfa*	0.0616** (2.23)	0.0143 (0.62)	0.0281 (1.16)	0.0604** (2.34)	0.0294 (1.19)	0.0383 (1.57)	0.0568** (2.19)	0.0341 (1.37)	0.0367 (1.49)
ln*pec*	−0.0978* (−1.80)	−0.1436*** (−3.33)	−0.1248*** (−2.67)	−0.118** (−2.32)	−0.1280*** (−2.84)	−0.1306*** (−2.74)	−0.1151** (−1.75)	−0.1201*** (−2.61)	−0.1336*** (−2.78)
ln*pco*	0.0173 (0.80)	0.0081 (0.44)	0.0175 (0.92)	0.0210 (1.07)	0.0158 (0.85)	0.0277 (1.39)	0.0198 (0.98)	0.0140 (0.74)	0.0304 (1.49)
ln*pga*	−0.0434 (−1.41)	0.0224 (0.88)	0.0242 (0.93)	−0.0476* (−1.65)	0.0290 (1.08)	−0.0165 (−0.60)	−0.0511* (−1.75)	0.0272 (1.00)	−0.0223 (−0.80)
ln*ppa*	0.0363*** (6.34)	0.0385*** (6.06)	0.0351*** (6.01)	0.0322*** (5.70)	0.0322*** (4.97)	0.0318*** (5.45)	0.0328*** (5.81)	0.0320*** (4.90)	0.0322*** (5.53)
W * ln*pgdp*	0.0105 (0.16)	−0.2360*** (−2.84)	−0.2281*** (−2.95)	0.3462*** (3.64)	0.2070 (0.96)	1.1789*** (4.63)	0.3802*** (3.93)	0.1190 (0.52)	1.1836*** (4.59)
W * ln*isp*	0.5423* (1.82)	−0.1192 (−0.35)	0.3282 (0.88)	0.7102** (1.99)	−0.6748 (−1.08)	0.5453 (0.66)	0.7305** (2.05)	−0.8975 (−1.41)	0.4519 (0.54)

续表

变量名称	个体固定			时间固定			双固定		
	W_1	W_2	W_3	W_1	W_2	W_3	W_1	W_2	W_3
$W*\ln pd$	0. 0194 (1. 59)	0. 0114 (0. 65)	0. 0135 (0. 88)	0. 0136 (0. 96)	−0. 0532* (−1. 85)	−0. 0420 (−1. 21)	0. 0046 (0. 32)	−0. 0478 (−1. 59)	−0. 0440 (−1. 25)
$W*\ln isep$	−0. 0435 (−0. 87)	−0. 2014*** (−3. 01)	−0. 1128* (−1. 78)	0. 1788** (2. 34)	0. 1133 (0. 74)	0. 7783*** (4. 84)	0. 1676** (2. 18)	0. 0766 (0. 49)	0. 7588*** (4. 66)
$W*\ln pba$	−0. 0123 (−0. 24)	0. 1016* (1. 66)	−0. 0314 (−0. 53)	−0. 0081 (−0. 14)	0. 1666 (1. 57)	0. 0274 (0. 20)	−0. 0029 (−0. 05)	0. 1806* (1. 70)	0. 0406 (0. 30)
$W*\ln pra$	−0. 0357 (−1. 26)	0. 0059 (0. 22)	0. 0317 (1. 12)	−0. 0910** (−2. 52)	−0. 0726 (−1. 20)	−0. 2465*** (−2. 63)	−0. 0894** (−2. 46)	−0. 0926 (−1. 48)	−0. 2476*** (−2. 61)
$W*\ln psct$	0. 0059 (0. 12)	0. 1607** (2. 32)	0. 1891*** (2. 88)	−0. 3168*** (−4. . 03)	−0. 3092* (−1. 80)	−1. 0453*** (−5. 04)	−0. 3530*** (−4. 46)	−0. 2504 (−1. 41)	−1. 0464*** (−5. 04)
$W*\ln pfa$	−0. 0551* (−1. 77)	0. 0084 (0. 27)	−0. 0001 (−0. 00)	−0. 0859** (−2. 22)	0. 0803 (1. 16)	−0. 1571* (−1. 89)	−0. 0810** (−2. 08)	0. 0997 (1. 42)	−0. 1598* (−1. 91)
$W*\ln pec$	0. 0799 (1. 39)	0. 1485*** (3. 00)	0. 0711 (1. 40)	0. 1203 (1. 61)	0. 0254 (0. 20)	0. 1477 (0. 78)	0. 1220 (1. 61)	0. 0596 (0. 46)	0. 1666 (0. 87)

续表

变量名称	个体固定			时间固定			双固定		
	W_1	W_2	W_3	W_1	W_2	W_3	W_1	W_2	W_3
$W*\ln pco$	-0.0301 (-1.34)	-0.0182 (-0.90)	-0.0187 (-0.88)	-0.0444 (-1.39)	0.0188 (0.40)	-0.1201 (-1.55)	-0.0409 (-1.26)	0.0049 (0.10)	-0.1295* (-1.66)
$W*\ln pga$	0.0506 (1.44)	0.0176 (0.53)	-0.0422 (-1.11)	0.1159** (2.32)	0.0336 (0.42)	0.0781 (0.69)	0.1158** (2.24)	0.0509 (0.63)	0.0758 (0.65)
$W*\ln ppa$	-0.0337*** (-4.42)	-0.0666*** (-4.73)	-0.0337*** (-2.95)	-0.0280*** (-2.99)	-0.0388* (-1.67)	-0.0247 (-1.13)	-0.0285*** (-3.00)	-0.0390* (-1.67)	-0.0231 (-1.05)
R^2	0.4610	0.4920	0.2929	0.3520	0.3855	0.2399	0.3365	0.4151	0.2380
$Log-L$	385.1910	333.3048	364.5083	427.3782	384.7832	409.2022	431.8423	387.8014	412.7925

注：括号内为 t 统计量，*、**、***分别表示在 10%、5%和 1%的显著水平。

数据来源：作者根据整理数据并利用 Stata 17 软件计算得出。

在考虑邻接矩阵和嵌套矩阵下，二、三产业比重变量的回归系数分别为-0.5150和-0.1244，说明提高长江经济带第二产业和第三产业比重，有助于降低长江经济带生态环境风险，二者呈负相关；但是在仅仅考虑经济距离的情景中，二、三产业比重与长江经济带生态环境风险之间呈现正相关，其回归系数值为0.0270，未能通过任何显著性检验。产生这种现象的原因为：近年来，长江经济带深入推进绿色转型发展，以技术创新为抓手全面推进沿线产业转型升级，持续优化经济带产业机构布局，在发展的同时注重生态环境保护修复，从而使得长江经济带生态环境状况持续向好，风险危机不断减少。但如果在仅仅考虑经济因素的情况下，一些地区就会以牺牲生态环境为代价换取经济增长，通过发展高能耗、高污染、低产出的传统产业获取经济收益，从而增加生态环境风险。

在加入空间交互项 W 以后，二、三产业就业数变量在三个矩阵中的系数分别是-0.0435、-0.2014和-0.1128，均为负数，说明邻近地区从事第二产业和第三产业从业规模的增加，会对本地生态环境风险起到一定抑制作用。主要原因是：邻近地区二、三产业发展，一定程度上会吸纳部分劳动力资源跨区转移，从而减少对本地区各项资源的占用和消耗，本地区所面临的生态环境风险随之降低。

人均建成区面积对本地生态环境风险的影响各有不同，其系数值分别为0.0388、-0.0102和0.0104，未能通过任何显著性检验。在考虑经济要素前提下，人均建成区面积增加有利于减轻本地区生态环境风险。但从目前来看，这种作用程度还不显著。而在考虑地理以及地理—经济复合矩阵情况下，人均建成区面积系数为正，表明其与本地生态环境风险正相关。除经济矩阵以外，$W * \ln pba$ 的回归系数均为负数，意味着周边地区人均建设用地面积越大，本地区的生态环境风险就越小。

除邻接矩阵外，人均城市道路面积变量在经济矩阵和嵌套矩阵中的系数为负数，且都通过了5%的显著性水平检验。但将空间要素纳入之后，$W*\ln pra$ 在邻接矩阵中系数为负数，说明随着本地区人均道路面积增加，邻近地区生态环境风险随之降低，这与 $W*\ln pra$ 在经济矩阵和嵌套矩阵中的正相促进作用明显不同。因此，应注重从空间角度协同推进城镇道路建设，合理规划交通线路，避免因道路建设破坏本地区以及邻近地区生态环境。

人均社会消费品零售额对本地区生态环境风险具有显著的负向作用，通过了5%的显著性水平检验，主要原因是随着经济社会发展水平不断提高，城镇人口消费结构和生活方式得到较大改变，在生活消费过程中更加注重保护生态环境，一定程度上降低了本地区产生生态环境风险的可能性。

人均固定资产投资系数值为正数，说明其与本地区生态环境风险呈正相关，即随着人均固定资产投资规模扩大，本地生态环境面临的风险危机也会增加。加入空间因素后人均固定资产投资系数仅在经济矩阵中是正数，而在另外两个矩阵中则为负数，显著性也有所不同。具体而言，在考虑经济距离因素影响下的本地区人均固定资产投资与其他地区生态环境风险为正相关，而地理因素和地理—经济因素作用下的本地区人均固定资产投资与邻近地区生态环境风险则为负相关。这表明，如果单纯为了获取经济收益而扩大固定资产投资，一定程度上会加重城镇生态环境负担，引发生态环境风险。

在控制变量中，$W*\ln pec$、$W*\ln pco$ 和 $W*\ln ppa$ 的空间回归系数分别为正数、负数和负数，说明周边地区人均能源消费量越高，本地区生态环境风险压力就越大，产生这一现象的原因是长江经济带生态环境是一个有机整体，由能源过度消费而造成的污染会向邻近地区转移，从而增加邻近地区生态环境风险压力；周边地区单位面积碳排放量越少，本地区出现生态环境风险的概率就越高，主要是因为一些高能耗产业跨区转移；周边地区用于生态环境污染的投资不断增加，本地区面临的生态环境风险就会逐渐降低。此外，无论在何种矩阵，污染投资额与 GDP 之比指标的显著性都在 1%水平以下，说明增加污染投资支出，能够显著降低长江经济带生态环境风险。因此，长江经济带沿线地区应加大对生态环境风险质量方面的资金投入，充分利用市场手段多渠道增加污染治理投资，满足长江经济带生态环境风险治理资金需求。

第三节　空间效应估算与分解

既然通过空间自回归系数不能直接反映解释变量对被解释变量的影响程度，因此，需对长江经济带城镇化对生态环境风险的空间影响效应进行分解，具体方法参照公式 5.7，测算结果如表 5.7 所示。

一、直接效应

从总体上看，在三种空间矩阵下，人均 GDP 变量和二、三产业就业数的系数显著为正，且嵌套矩阵系数值>经济矩阵系数值>邻接矩阵系数值，表明在经济因素和地理因素共同作用情况下，嵌套矩阵下的人均 GDP 对本地区生态环境风险的直接效应是最大的，其次是经济矩阵，最后是邻接矩阵。

表 5.7　空间效应估算与分解

变量名称	直接效应			溢出效应			总效应		
	W_1	W_2	W_3	W_1	W_2	W_3	W_1	W_2	W_3
ln*pgdp*	0.2883*** (5.08)	0.3600*** (5.31)	0.4160*** (5.89)	0.7207*** (5.25)	0.0308 (0.16)	1.8000*** (3.79)	1.0091*** (6.45)	0.3908* (1.74)	2.2160*** (4.33)
ln*isp*	−0.4922** (−2.25)	−0.1221 (−0.59)	−0.0986 (−0.43)	0.7947* (1.68)	−0.7371 (−1.29)	0.6449 (0.53)	0.3025 (0.60)	−0.8593 (−1.33)	0.5464 (0.43)
ln*pd*	−0.0207** (−2.38)	−0.0120 (−1.30)	−0.0248*** (−2.69)	−0.0070 (−0.37)	−0.0395 (−1.58)	−0.0742 (−1.61)	−0.0277 (−1.33)	−0.0514* (−1.81)	−0.0989** (−2.08)
ln*isep*	0.1731*** (4.29)	0.2535*** (5.23)	0.2719*** (5.24)	0.3497*** (3.07)	0.0221 (0.17)	1.1672*** (3.76)	0.5227*** (4.09)	0.2757* (1.86)	1.4392*** (4.21)
ln*pba*	0.0544 (1.42)	0.0109 (0.30)	−0.0118 (−0.31)	0.0334 (0.44)	0.1637* (1.82)	0.0659 (0.35)	0.0878 (1.14)	0.1746* (1.76)	0.0541 (0.29)
ln*pra*	−0.0117 (−0.51)	−0.0662*** (−3.23)	−0.0049 (−0.20)	−0.1421*** (−3.11)	−0.0728 (−1.34)	−0.3514** (−2.52)	−0.1538*** (−3.55)	−0.1391** (−2.34)	−0.3563*** (−2.63)
ln*psct*	−0.2812*** (−6.12)	−0.3449*** (−6.65)	−0.3791*** (−6.47)	−0.6855*** (−5.94)	−0.1559 (−1.03)	−1.6094*** (−3.91)	−0.9667*** (−7.10)	−0.5008*** (−2.94)	−1.9885*** (−4.46)

续表

变量名称	直接效应			溢出效应			总效应		
	W_1	W_2	W_3	W_1	W_2	W_3	W_1	W_2	W_3
ln*pfa*	0.0461* (1.87)	0.0286 (1.17)	0.0268 (1.09)	−0.0847* (−1.66)	0.0851 (1.40)	−0.2014* (−1.68)	−0.0386 (−0.77)	0.1137 (1.58)	−0.1746 (−1.44)
ln*pec*	−0.0996** (−2.13)	−0.1198*** (−2.69)	−0.1231*** (−2.78)	0.1111 (1.07)	0.0702 (0.62)	0.1624 (0.60)	0.0114 (0.11)	−0.0496 (−0.39)	0.0393 (0.15)
ln*pco*	0.0138 (0.74)	0.0132 (0.70)	0.0225 (1.14)	−0.0498 (−1.09)	0.0024 (0.06)	−0.1710 (−1.43)	−0.0361 (−0.79)	0.0157 (0.34)	−0.1485 (−1.23)
ln*pga*	−0.0377 (−1.33)	0.0240 (0.87)	−0.0200 (−0.69)	0.1529** (2.17)	0.0421 (0.58)	0.1060 (0.63)	0.1152 (1.63)	0.0661 (0.78)	0.0860 (0.49)
ln*ppa*	0.0305*** (5.13)	0.0337*** (5.21)	0.0317*** (4.98)	−0.0239* (−1.73)	−0.0397* (−1.95)	−0.0188 (−0.61)	0.0066 (0.40)	−0.0060 (−0.26)	0.0129 (0.38)

注：括号内为 t 统计量，*、**、***分别表示在 10%、5%和 1%的显著水平。

数据来源：作者根据整理数据并利用 Stata 17 软件计算得出。

二、三产业比重的增加，一定程度上可以对本地区生态环境风险起到制约作用。从其系数估算情况来看，三种矩阵下的直接效应系数都为负，且只有邻接矩阵下的系数通过5%的显著性水平检验，说明地理空间因素是二、三产业比重影响本地区生态环境风险的关键，其效应超过经济矩阵和嵌套矩阵。产生这一现象的原因是：随着长江经济带高质量发展深入推进实施，经济带沿线第二产业和第三产业能源消耗量、技术水平不断提高，对生态环境产生的破坏和影响正逐渐减少，从而有利于本地区生态环境保护和治理。

人口密度和人均社会消费品零售额变量系数均为负值，说明随着长江经济带城镇化进程加快，人口密度增加以及人均社会消费能力不断提升，本地区所面临的生态风险危机在减少，彼此之间呈现负相关关系。其中，经济矩阵中人口密度变量对本地区生态环境的影响程度最小，但这种影响没有通过显著性水平检验；人均社会消费品零售额变量的系数均为负数，且在1%的水平上显著，只不过影响程度有所不同。但如果仅从系数大小角度看，嵌套矩阵下的模型计算得出的直接影响效应是最显著的。人口密度和社会消费品零售额变量与本地区生态环境风险负相关的原因是：城镇化导致人口的生态环境保护意识不断提高，消费行为和居住方式绿色化程度得到提升，更加崇尚低碳、绿色和高效的产品及服务，注重自身消费行为对生态环境的影响。

人均城市道路面积直接效应系数分别是-0.0117、-0.0662、-0.0049，均为负值，且仅在经济矩阵情况下通过了1%的显著性水平检验，表明考虑经济距离要素前提下的人均城市道路面积变量对本地区生态环境风险有着明显的负向效应，即随着人均城市道路面积的增加，本地区面临的生态环境风险在降低。主要原因是，随着城镇化进程加快，交通道路基础设施在建设过程中更加注重对生态环境的保护，特别是减少道路建设过程中对绿地空间、水体等的占用和破坏，生态环境正向效应不断增强。

控制变量中，人均能源消费量系数显著为负，说明人均能源消费在增加的同时，本地区生态环境风险状况正在逐步改善。主要原因可以归结为：一是受“双碳”等国家战略影响，城镇化中的长江经济带能源消费结构持续优化，清洁能源供给和消费比例不断增加，传统化石能源逐渐减少，经济带生态环境质量得到提升；二是随着城镇进程的不断加快，长江经济带沿线人民群众的节能环保意识不断增强，逐渐建立起简约适度、绿色低碳生活方式，共抓长江大保护浓厚氛围和合力正在形成；三是能源技术进一步赋能长江经济带生态环境风险治理，实现技术驱动下的能源利用结构转型，带动能源质量和效能变革。除此之外，碳排放对长江经济带生态环境风险的影响也必须受到充分重视。虽然其直接效应系数均为正，但没有通过任何显著性水平检验。因此，未来一段时期城镇化进程中的长江经济带生态环境风险治理，必须高度重视碳减排问题，多措并举推动碳减排进程。可利用武汉碳排放权交易中心平台，合理调控流域不同地区碳排放量，从而达到有效减少温室气体排放目的，为落实“双碳”国家战略和生态文明建设提供坚实保障。

二、溢出效应

溢出效应中，人均 GDP 和二、三产业就业数和人均建成区面积回归系数为正，但显著性不尽相同，说明周边地区人均 GDP 增加、从事第二和第三产业规模人数增加以及人均城镇建设用地面积扩张，一定程度上会导致生态环境风险在地理时空上转移和扩散，从而影响邻近地区生态环境系统结构和功能，环境保护压力随之增加，引致一系列风险危机。从总体上看，嵌套矩阵下的溢出效应系数均大于邻接矩阵和经济矩阵，表明在面对复杂经济社会和地理空间情况下，邻近地区人均 GDP 和二、三产业就业数和人均建成区面积等因素的变化，比单纯考虑经济距离或地理距离所产生的溢出效应影响程度更大。但从显著性角度来看，在邻接矩阵和嵌套矩阵中，人均 GDP 和二、三产业就业数这两个变量均通过 1%的显著性水平检验，而人均建成区面积的显著性较弱，仅在经济矩阵中通过了 10%的显著性水平检验。

其他解释变量中，人口密度、人均城市道路面积和人均社会消费品零售额变量符号为负，说明邻近地区人口密度和人均城市道路面积的增加以及人均社会消费品零售额的提高，会减轻本地区生态环境风险的压力负担。产生这一现象的主要原因在于长江经济带发展战略带动城镇化快速发展，特别是一些区域性中心城市，依靠自身巨大体量对周围地区要素资源产生吸附，人口、资源和其他生产要素源源不断从经济相对欠发达地区流向经济发达地区，与生产要素紧密相关的风险隐患也随之发生转移，从而在一定程度上减轻了本地区的生态环境压力，生态环境质量得以改善和提高。

对于控制变量的溢出效应，需要特别强调的是，通过增加环境污染投资可以有效降低邻近地区的生态环境风险。表 5.7 中污染投资额与 GDP 之比变量的系数分别为-0.0239、-0.0397 和-0.0188，仅在邻接矩阵和经济矩阵估算中通过了 10%的显著性水平检验。主要原因为：一方面，用于污染治理的投资增加，能够有效带动长江经济带沿线地区生态环境基础设施建设和人才队伍建设，进一步筑牢流域经济带生态环境风险防控基础，从而有效抑制重特大生态环境事件的发生；另一方面，增加污染治理资金支出，有助于加快与生态环境风险治理相关技术的研发和应用，一定程度上能够有效增强技术要素对生态环境风险治理的正外部性效应，解决现实治理过程中的诸多矛盾，从而有利于处理好长江经济带城镇化发展与生态环境风险之间的现实问题。

三、总效应

在直接效应和溢出效应共同作用下，城镇化中长江经济带生态环境风险会随着人均 GDP 增加而增加，在三种空间矩阵下的总效应系数依次为 1.0091、0.3908 和 2.2160，均大于 0，且在 10%的水平上显著。主要原因是长江经济带城镇地区经济发展和大规模空间扩张，在一定程度上破坏了城镇生态环境稳定性，加之一些地区经济发展盲目攀产业、赛速度，会对城镇化中的生态环境产生制约作用。因此，应通过产业绿色转型、技术创新和提升治理效能等手段，促进长江经济带城镇经济高质量发展，以减少生态环境风险。

此外，可以发现二、三产业就业数变量的溢出效应大于直接效应，说明随着从事第二产业和第三产业就业人数占全部就业人数比重的提升，其对邻近地区生态环境风险的影响大于对本地区的影响。但是在直接效应和溢出效应双重影响下，二、三产业就业数变量的总效应系数分别为 0.5227、0.2757 和 1.4392，均为正值且在 10%以上水平显著，这说明提升二、三产业就业数量，在一定程度上能够提高长江经济带生态环境风险出现概率，这主要是二、三产业吸纳大量农村转移人口，无形之中加重城镇生态环境负担和压力，加之资源消费水平和配置效率较低，容易造成生态环境风险的出现。因此，长江经济带城镇化发展中，要合理控制城镇就业环境容量，特别是要注重提升城镇生态环境对工业和服务业就业人群的吸纳能力、消解能力。

人均建成区面积变量的总效应系数为正，但显著性各有不同，仅在经济矩阵中通过了 10%的显著性水平检验。这说明随着城镇建设用地的不断扩张，长江经济带生态环境风险也在增加，其主要原因是城镇扩张导致耕地减少、水资源破坏和固体废弃物排放增加，破坏生态系统平衡。因此，长江经济带城镇建设应保持在合理范围，切忌“摊大饼式”盲目扩张模式，避免无序扩张，可通过恰当的政策引导和调控，引导城镇建设走上健康发展轨道，特别是应注重提升城市内在生态环境韧性，以此作为城镇抵御突发自然灾害、生态环境风险和公共事件危机的屏障。

人均城市道路面积和人均社会消费品零售额变量的总效应系数显著为负，这说明随着长江经济带道路建设和社会消费品零售业的发展，区域生态环境风险总体上在逐渐减少，这与长江经济带不断优化交通路网规划设计、呼吁倡导绿色消费方式密不可分。

第四节 本章小结

本章基于空间杜宾模型，实证分析了长江经济带城镇化对生态环境的空间影响效应，主要结论如下：

首先，相比空间自回归模型和空间误差模型，利用空间杜宾模型实证分析长江经济带城镇化对生态环境风险的影响效应更为合理。第一，利用 Wald 检验和 LR 检验两种方法，对邻接矩阵、经济矩阵和嵌套矩阵下模型的显著性进行了假设验证。结果显示，选取空间杜宾模型开展分析的精确度和有效性要优于空间自回归模型和空间误差模型。第二，根据 Hausman 检验结果，p 值为 0.000，在 1%的水平上显著，因此选择固定效应而不是随机效应进行空间计量模型分析。

其次，按照“经济城镇化—人口城镇化—土地城镇化—社会城镇化”的逻辑结构，采用空间杜宾模型探究了长江经济带城镇化对生态环境风险的影响效应。结果表明：第一，考虑地理距离条件下，随着人均GDP，二、三产业就业数，人均建成区面积，人均城市道路面积，人均固定资产投资，单位面积碳排放量，污染投资额与GDP之比等变量的增加，邻近地区生态环境风险也增加，即相互间呈正相关关系；而随着二、三产业比重，人口密度，人均社会消费品零食额，人均能源消费量和人均公共绿地面积的增加，邻近地区生态环境风险降低，即相互间呈负相关关系。第二，考虑经济距离条件下，人均GDP，二、三产业就业数，人均固定资产投资，单位面积碳排放量，人均公共绿地面积，污染投资额与GDP之比等变量与邻近地区生态环境风险呈正相关关系，而人均城市道路面积，人均社会消费品零食额，人均能源消费量则与之呈负相关关系。第三，考虑经济地理复合条件下，人均GDP，二、三产业就业数，人均固定资产投资，单位面积碳排放量，污染投资额与GDP之比等变量与邻近地区生态环境风险呈正相关关系，而二、三产业比重，人口密度，人均社会消费品零食额，人均能源消费量则与之呈负相关关系。

最后，从直接效应、溢出效应和总效应三方面，对长江经济带城镇化对生态环境风险的影响效应进行分解。结果显示：第一，直接效应中，人均GDP，二、三产业就业数，人均固定资产投资，单位面积碳排放量，污染投资额与GDP之比变量系数均为正数，表明其对本地区生态环境风险产生促进作用。而二、三产业比重，人口密度，人均城市道路面积，人均社会消费品零售额，人均能源消费量系数均为负数，表明其对本地区生态环境风险有抑制作用。第二，溢出效应中，人均GDP，二、三产业就业数，人均建成区面积，人均能源消费量，人均公共绿地面积变量系数为正，意味着其对临近地区生态环境风险有正向溢出作用。而人口密度，人均城市道路面积，人均社会消费品零售额，污染投资额与 GDP 之比等变量系数为负，表示其对邻近地区生态环境风险产生负向溢出作用。第三，总效应中，人均 GDP，二、三产业就业数，人均建成区面积，人均公共绿地面积变量系数为正，表示其有可能提高长江经济带生态环境风险出现的概率，而人口密度，人均城市道路面积，人均社会消费品零售额等变量系数为负，表明其对长江经济带生态环境风险产生负向作用。

第六章　长江经济带城镇化与生态环境风险协同治理路径选择

综合前述风险指数测算、时空演化和空间杜宾模型分析结果可知，通过调整能源结构、发展绿色金融、减污降碳、优化城镇化发展格局和产业转型等措施，能够有效治理长江经济带城镇化发展中的生态环境风险。因此，本章将从能源协同、财政金融协同、双碳目标协同、城镇化协同和产业协同等方面提出促进长江经济带城镇化与生态环境风险协同治理的具体策略。

第一节　构建以清洁能源为支撑的能源协同发展格局

能源是长江经济带高质量发展的基石和血液。作为我国重要的城镇集聚区和制造业基地，长江经济带能源消费总量占全国的35%以上，能源的大量消费造成长江经济带大气、土地和水资源污染严重，生态环境总体形势不容乐观。同时，本书第五章中的实证结果也表明，能源消费与长江经济带生态环境风险呈正相关关系，因此，调整优化能源消费结构，大力发展清洁能源，积极构建以清洁能源为支撑的能源协同发展格局，已经成为推动长江经济带健康发展、维护区域生态安全的有效途径。

第一，协同开展传统化石能源开发利用技术攻关，不断提升能源利用效率。长江经济带沿线地区应充分发展流域自身技术优势，在传统煤炭资源开采、石油勘探和天然气开发等方面，谋划布局一批传统化石能源协同开发利用项目，深入挖掘经济带内部能源资源开发潜力和价值，多渠道增加能源生产和供给。同时，充分发挥长江经济带技术优势，提升传统能源利用效率，以减少城镇化发展中能源消费对生态环境的影响。

第二，协同推进能源结构转型升级，大力发展清洁能源。在能源革命战略背景下，调整优化能源消费结构，推动能源生产革命、消费革命、供给革命和体制革命，构建以清洁能源为支撑的安全高效能源体系，是长江经济带高质量发展和维护区域生态环境安全的必然要求。在此过程中，长江经济带应充分发挥自身能源资源富集优势，大力发展水电、风电和生物质能等清洁能源，逐步降低化石能源的使用比例。例如，长江经济带上游地区光照资源充足，海拔高、落差大，太阳能资源和水电资源充足，因此应加大对长江经济带上游地区光伏发电和水力发电资源的扶持力度，将其打造成长江经济带重要的能源基地。

第三，协同推进能源基础设施建设，加快能源互联互通。一方面，应重点加强经济带内部能源输送网络建设，重点加强能源储存、输送等基础设施建设，合理布局相关网络节点。另一方面，充分利用“互联网+”思维，大力发展长江经济带智慧能源系统建设，依托大数据、云计算等技术手段，合理配置经济带能源资源，实现能源协同共管。此外，建议充分运用流域市场优势，加快构建区域能源市场交易体系，利用市场化手段有序推进能源资源在长江经济带的高效配置。

第二节　建立多元化的财政金融协同机制

第五章实证结果表明，随着治理生态环境污染投资支出的增加，长江经济带的生态环境风险在降低。可见，增加生态环境污染投资，有助于降低长江经济带生态环境风险。因此，建议综合运用财政、金融、环境权益交易等多种政策工具，构建多元化的生态环境风险治理财政金融协同机制，为长江经济带防范化解生态环境领域重大风险提供持续的资金支持。

第一，应加大财政资金对生态环境风险治理方面的资金倾斜力度，以充分发挥其资金引导效应。生态环境的公共产品属性，决定了对其进行财政支持的必要性。现阶段，对于长江经济带生态环境风险治理资金投入，主要以政府投入为主导，资金投入规模十分有限，难以满足长江经济带生态环境风险治理现实需求。基于此，首先，应尽快构建央地联动、多政策协同的财政投入新机制。充分发挥中央财政资金的引导作用，可围绕大气污染、水污染和固废污染等重点领域，开展持续投入，进而有效引导地方政府扩大资金回流、投入，协同发力。其次，进一步整合现有财政资源，做优存量、做大增量，优化生态环境风险治理投入结构，不断提高财政资金使用效率，形成统一、高效的长江经济带生态环境风险治理资金使用机制。最后，建议将“生态环境风险治理”列入国家财政预算科目，以便为长江经济带生态环境风险治理提供持续、稳定的资金来源。

第二，充分发挥市场作用，协同发展“绿色+”金融产品。首先，应深入挖掘长江经济带生态环境价值和功能，结合产权交易、生态修复等方式，让隐性的生产环境产品价值得以充分显现。其次，大力发展以绿色金融、绿色基金、绿色信贷、绿色保险为代表的绿色金融创新产品，面向市场多渠道增加长江经济带绿色金融产品供给，解决长江经济带生态环境风险治理融资难问题。最后，加快推动长江经济带生态产品市场化交易机制和业务体系建设，充分利用市场化方式推动经济带生态金融产品的价值实现。

第三节 以减污降碳为抓手协同推动双碳目标实现

深入实施减污降碳，已经成为解决长江经济带突出生态环境问题、降低生态环境风险，推动区域双碳战略目标实现的必然选择。理论研究和实证分析发现，长江经济带城镇化发展中的“三废”超标排放问题严重，尤其是经济带碳排放在空间上的扩张，导致流域生态环境风险不断增加。因此，在城镇化发展过程中，应将减污降碳作为协同治理长江经济带生态环境风险的重点，以维护区域生态环境安全。

第一，建立协同减污降碳治理体制机制。长江经济带减污降碳治理是一项系统工程，涉及左右岸、上下游以及不同行政区方方面面，仅凭任何一方都不足以实现对全流域的综合治理。以往“九龙治水”“分而治之”的治理模式弊病愈加凸显，其中存在的权力分散、协作不畅等问题，严重制约着长江经济带可持续发展。因此，建议长江经济带尽快建立减污降碳协同治理体制机制，通过明确职能划分、明晰事权关系和规范操作流程，解决协同推进减污降碳过程中的“协调谁”“协调什么”“怎么协调”难题，以提升长江经济带应对和防范化解生态环境风险的能力。

第二，构建协同减污降碳激励约束机制。首先，建议在长江经济带建立协同减污降碳治理目标考核体系，同时综合考虑经济发展水平、碳排放差异、资源能源消耗、社会效益等因素，并根据不同层级，因地制宜逐步建立自上而下的减污降碳总量控制及分解落实机制。其次，建议将协同开展减污降碳治理纳入长江经济带沿线地区领导干部绩效考评和自然资源资产离任审计范围，将考核结果与领导干部的日常管理、任期考核、职称晋升等方面挂钩，以充分调动领导干部参与协同减污降碳治理的积极性和主动性。最后，健全长江经济带协同减污降碳治理问责机制。应加快长江经济带协同减污降碳治理问责相关的法律法规、标准制度和机构建设，力求通过规范化、合法化和程序化的制度建设，提高问责的权威性和法制性。对问责中发现的问题，及时反馈整改，严格落实责任，以提高问责的时效性。

第三，完善协同减污降碳政策机制。要以国家“双碳”战略目标为导向，高标准开展长江经济带协同减污降碳治理政策机制建设，重点围绕水、大气、固体废弃物等重点领域，加快协同治理方面的人才培养、技术创新和平台建设，为协同开展长江经济带减污降碳、实现高质量发展奠定坚实政策基础。

第四节　推动区域城镇化协同发展

城镇化是推动长江经济带高质量发展的重要动力和坚实支撑。改革开放以来，长江经济带城镇化得到快速发展，人口、土地等生产要素大量集聚，短期内带动经济社会快速发展。但城镇化快速发展伴随产生的生态破坏、环境污染和热岛效应等问题，使得长江经济带城镇化发展不平衡、不充分现实矛盾加剧。在区域协调发展战略背景下，优化国土空间结构布局、推动生态环境协同共治和加快交通基础设施互联互通，已经成为推动区域城镇化高质量发展和维护生态环境安全的重要内容。

第一，从空间视角看，持续优化区域国土空间总体功能布局，合理安排城镇化发展结构和规模，不断提升长江经济带城镇生态环境承载力和容量，建立与城镇化发展水平相适应的人口和土地规模。过去，由于缺乏统一规划和硬性约束，长江经济带城镇建设“无序”扩张现象严重，突破生态红线，侵占基本农田的现象屡有发生，给生态环境造成严重破坏，威胁长江经济带生态环境安全。加之人口的城乡转移，导致城镇土地、能源资源过度消耗，生态环境承载力下降。因此，应立足长江经济带实际，合理布局城镇重大生产力、基础设施和公共资源，明确划分城镇化发展界限，推动构建功能完善、优势互补的城镇化发展新格局。

第二，推动生态环境风险协同共治。行政有界，生态环境风险无界。区域城镇化发展中的生态环境风险治理面临监管难、取证难和处置难问题，仅凭任何一方面无法实现对全流域的综合治理。城镇化背景下，需要积极创新区域生态环境风险协同治理体制机制，打破行政壁垒限制，推动形成区域联防联治、协同共治、成本共担、收益共享的良好发展格局。

第三，加快交通基础设施互联互通，有助于充分发挥交通因素对区域城镇化发展的拉动作用。一方面，应进一步优化长江经济带交通网络，扩大交通网络覆盖面和通达度，积极推动“铁公水机”多式联运有效衔接，充分发挥交通因素对城镇化发展的空间溢出效应。另一方面，加强交通基础设施智能化建设，利用交通设施在区域城镇化发展中的资源配置作用，引导生产力向交通发达的城镇地区集聚，培育新的经济增长点，以推动城镇化发展。

第五节 以绿色发展为引领共筑产业协同机制

以绿色发展理念为指引，统筹推进区域产业协同发展，以产业转型升级助推城镇化与生态环境风险治理协调发展，是长江经济带探索以生态优先、绿色发展为导向的高质量发展新路径。结合第五章实证研究发现，仅仅考虑经济因素情况下，产业规模与长江经济带生态环境风险呈正相关，即随着产业规模不断扩大，区域整体生态环境风险也增加。因此，在城镇化发展建设过程中，应通过规划设计、产业转型和政策体系等方式，协同推进区域产业融合发展。

第一，以绿色发展理念为指导，构建长江经济带产业协同发展规划和顶层设计。长江经济带作为我国重要的制造业和化工冶炼基地，在今后高质量发展过程中，应立足全局、科学谋划，制订和完善区域产业协同发展规划，明确区域产业定位和协同发展路径。在淘汰、整合既有传统产业基础上，围绕新材料、生物医药和大健康等新兴产业，不断优化整体产业结构布局，延长有机经济产业链，以产业链的高级化、绿色化和低碳化助力生态环境保护。

第二，以区域产业结构空间重塑为契机积极推进区域产业有序转移。以绿色发展理念为指导，推进长江经济带产业协同发展的关键，就是要合理安排产业发展结构布局，加快推进产业聚集、成链发展和关联发展，引导长江经济带产业有序转移，进一步壮大区域产业规模和影响效应。从横向上看，优化产业发展空间结构、推动产业有序转移，有助于培育和壮大不同地区产业特色及优势，实现优势互补、错位发展，避免因为无序竞争而出现资源内耗、环境污染、生态破坏等现象。从纵向上，产业空间格局优化以及跨区域的产业协作，有利于加强区域产业链、供应链之间的联系，形成创新合作模式。

第三，完善区域产业协同发展政策体系。良好的政策体系是实现长江经济带产业协同发展的重要支撑。从功能定位角度看，制定区域产业协同发展政策，有利于弥补市场失灵，搭建协同发展良好环境，充分发挥有为政府作用。从要素配置角度看，完善的产业协同政策体系，有助于统筹劳动、资本和土地等生产要素资源的流动和转移，提升区域生产要素配置效率，满足城镇化发展现实需求。从生产效率角度看，协同发展有利于降低区域产业发展成本投入，提高产业利润和增强市场竞争力。

第七章　结论与展望

第一节　研究结论

本书以长江经济带为研究对象，在深入探究流域城镇化对生态环境风险的影响机理基础上，构建了生态环境风险指数评价体系并进行量化测度，揭示了流域经济带生态环境风险的区域差异、时空演变和空间集聚特征，分析了城镇化对生态环境风险的影响效应，并针对研究中发现的问题，从协同治理视角提出了具体对策建议。

第二节　不足与展望

尽管本书围绕长江经济带城镇化对生态环境风险的影响问题进行了一系列研究，但囿于研究时间、写作能力和个人精力，还存在不足及遗漏之处，仍需在今后研究中予以完善和补充。

(一)生态环境风险指数定量评价指标体系有待完善

本研究在对长江经济带生态环境风险指数进行定量评价时，指标选取偏重于经济因素和人为因素，生态因素和社会因素等指标相对较少，导致所构建的指标体系还不够全面。事实上，生态环境风险是生态因素、经济因素、社会因素和人为因素共同作用的结果，因此，在今后研究中应考虑将地质地形、生物植被、水文气象等生态因素，经济增长、技术进步等经济因素，公共政策、服务消费等社会因素等纳入生态环境风险指数定量评价体系进行综合考量。

(二)生态环境风险等级判定有待深入研究

本研究采用自然断裂分级模型(Jenks)将生态环境风险划分为高风险、较高风险、中风险、较低风险和低风险 5 个等级，由于目前国内外有关这方面的研究仍未形成一致共识，相关研究中的风险等级划分多参考相关国家或行业标准综合判定。因此，在下一步研究中，应结合不同地区生态环境实际，积极探索新的生态环境风险等级划分方法和判定依据，并能根据各个地区生态环境变化及时进行调整优化。

(三)城镇化对生态环境风险影响机理有待加强

本研究虽然围绕城镇化对生态环境风险的相关研究进行总结梳理，但城镇化是一个巨大的系统工程，很难用定量分析方法阐释二者间的深层逻辑。因此，在区域一体化背景下，从更深层次探讨城镇化对生态环境风险影响的作用机理和互馈机制，从而为流域经济带高质量发展提供充分的理论支持，无疑是未来城镇化与生态环境风险领域理论研究的重要方向。

参考文献

著作类：

[1]毕宝德．土地经济学[M]．北京：中国人民大学出版社，1992.

[2]毕军，杨洁，李其亮．区域环境风险分析和管理[M]．北京：中国环境科学出版社，2006.

[3]蔡孝箴．城市经济学[M]．天津：南开大学出版社，1998.

[4]陈强．高级计量经济学及 Stata 应用(第二版)[M]．北京：高等教育出版社，2014.

[5]贺培育，杨畅．中国生态安全报告：预警与风险化解[M]．北京：红旗出版社，2009.

[6]胡鞍钢．中国国家治理现代化[M]．北京：中国人民大学出版社，2014.

[7]李世祥，王占岐，郭凯路．长江经济带：发展与保护[M]．北京：中国社会科学出版社，2020.

[8]李志刚，何深静，刘玉亭，等．中国城市社会空间[M]．北京：科学出版社，2021.

[9]罗西瑙．没有政府的治理[M]．张胜军，刘小林，等译．南昌：

江西人民出版社，2001.

[10]宋永昌，由文辉，王祥荣．城市生态学[M]．上海：华东师范大学出版社，2000.

[11]王兴中．中国城市社会空间结构研究[M]．北京：科学出版社，2000.

[12]乌尔里希·贝克．风险社会：新的现代性之路[M]．张文杰，何博闻，译．南京：译林出版社，2018.

[13] BALTAGI B H. Econometric Analysis of Panel Data [M]. New York：John Wiley and Sons，2001.

[14] LESAGE J，PACE R K. Introduction to Spatial Econometrics [M]. New York：Chemical Rubber Company（CRC）Press，2009.

[15] NRC. Science and Judgment in Risk Assessment [M]. Washington，D. C.：National Academy Press，1994.

期刊类：

[1]白欣茹，孟志龙，高玉凤，等．基于多指标评价法的河流生态系统健康评价研究进展[J]．太原师范学院学报(自然科学版)，2022，21(1).

[2]白永秀，任保平．区域经济理论的演化及其发展趋势[J]．经济评论，2007(1).

[3]蔡绍洪，谷城，张再杰．时空演化视角下我国西部地区人口-资源-环境-经济协调发展研究[J]．生态经济，2022，38(2).

[4]曹惠民．风险社会视角下城市公共安全治理策略研究[J]．学习与实践，2015(3).

[5]曹姣星．生态环境协同治理的行为逻辑与实现机理[J]．环境与

可持续发展，2015，40(2).

[6]曾刚，尚勇敏，司月芳．中国区域经济发展模式的趋同演化——以中国16种典型模式为例[J]．地理研究，2015，34(11).

[7]曾馨漫，刘慧，刘卫东．京津冀城市群城市用地扩张的空间特征及俱乐部收敛分析[J]．自然资源学报，2015，30(12).

[8]陈辉，李双成，郑度．基于人工神经网络的青藏公路铁路沿线生态系统风险研究[J]．北京大学学报(自然科学版)，2005(4).

[9]陈军，成金华．中国矿产资源开发利用的环境影响[J]．中国人口·资源与环境，2015，25(3).

[10]陈明，蔡青云，徐慧，等．水体沉积物重金属污染风险评价研究进展[J]．生态环境学报，2015，24(6).

[11]陈诗一．中国工业分行业统计数据估算：1980-2008[J]．经济学(季刊)，2011，10(3).

[12]陈万旭，赵雪莲，钟明星，等．长江中游城市群生态系统健康时空演变特征分析[J]．生态学报，2022，42(1).

[13]陈志刚，姚娟．环境规制、经济高质量发展与生态资本利用的空间关系——以北部湾经济区为例[J]．自然资源学报，2022，37(2).

[14]成金华，彭昕杰．长江经济带矿产资源开发对生态环境的影响及对策[J]．环境经济研究，2019，4(2).

[15]成金华，孙琼，郭明晶，等．中国生态效率的区域差异及动态演化研究[J]．中国人口·资源与环境，2014，24(1).

[16]成金华．如何破解长江经济带经济发展与生态保护矛盾难题——评《长江经济带：发展与保护》[J]．生态经济，2022，38(3).

[17]崔学刚，方创琳，刘海猛，等．城镇化与生态环境耦合动态

模拟理论及方法的研究进展[J]. 地理学报, 2019, 74(6).

[18]丁煌, 叶汉雄. 论跨域治理多元主体间伙伴关系的构建[J]. 南京社会科学, 2013(1).

[19]丁婷婷, 李强, 杜士林, 等. 沙颍河流域水环境重金属污染特征及生态风险评价[J]. 环境化学, 2019, 38(10).

[20]董家华, 王欣, 李宇, 等. 生态宜居性评价把脉城市生态质量[J]. 环境经济, 2021(24).

[21]董江爱, 翟雪君. 新型城镇化背景下社会治理创新研究[J]. 河南社会科学, 2017, 25(9).

[22]董鹏, 张英杰, 孙鑫. 典型大宗工业固体废物环境风险评价体系研究[J]. 昆明理工大学学报(自然科学版), 2016, 41(2).

[23]范怀超, 白俊. 我国农地流转中地方政府职能重塑探析——基于新型城镇化的视角[J]. 西华师范大学学报(哲学社会科学版), 2017(1).

[24]范清华, 黎刚, 王备新, 等. 太湖饮用水源地水环境健康风险评价[J]. 中国环境监测, 2012, 28(1).

[25]范如国. "全球风险社会"治理: 复杂性范式与中国参与[J]. 中国社会科学, 2017(2).

[26]方创琳, 崔学刚, 梁龙武. 城镇化与生态环境耦合圈理论及耦合器调控[J]. 地理学报, 2019, 74(12).

[27]方创琳, 周成虎, 顾朝林, 等. 特大城市群地区城镇化与生态环境交互耦合效应解析的理论框架及技术路径[J]. 地理学报, 2016, 71(4).

[28]方创琳, 周成虎, 王振波. 长江经济带城市群可持续发展战略问题与分级梯度发展重点[J]. 地理科学进展, 2015, 34(11).

[29]方创琳．城乡融合发展机理与演进规律的理论解析[J]．地理学报，2022，77(4)．

[30]方时姣，肖权．中国区域生态福利绩效水平及其空间效应研究[J]．中国人口·资源与环境，2019，29(3)．

[31]方卫华，李瑞．生态环境监管碎片化困境及整体性治理[J]．甘肃社会科学，2018(5)．

[32]冯健，周一星．转型期北京社会空间分异重构[J]．地理学报，2008(8)．

[33]冯彦明．对西方区域经济发展理论的思考——兼谈实现经济可持续发展的中国思路[J]．财经理论研究，2020(1)．

[34]冯雨雪，李广东．青藏高原城镇化与生态环境交互影响关系分析[J]．地理学报，2020，75(7)．

[35]付爱红，陈亚宁，李卫红．塔里木河流域生态系统健康评价[J]．生态学报，2009，29(5)．

[36]傅伯杰．地理学：从知识、科学到决策[J]．地理学报，2017，72(11)．

[37]高彬嫔，李琛，吴映梅，等．川滇生态屏障区景观生态风险评价及影响因素[J]．应用生态学报，2021，32(5)．

[38]高继军，张力平，黄圣彪，等．北京市饮用水源水重金属污染物健康风险的初步评价[J]．环境科学，2004(2)．

[39]高启达，毕于建．城镇化进程中生态治理困境之破解[J]．人民论坛，2014(5)．

[40]高永年，高俊峰，许妍．太湖流域水生态功能区土地利用变化的景观生态风险效应[J]．自然资源学报，2010，25(7)．

[41]葛荣凤，许开鹏，迟妍妍，等．京津冀地区矿产资源开发的

生态环境影响研究[J]. 中国环境管理, 2017, 9(3).

[42]顾成林, 李雪铭. 基于模糊综合评价法的城市生态环境质量综合评价——以大连市为例[J]. 环境科学与管理, 2012, 37(3).

[43]郭杰, 王珂, 于琪, 等. 长江中游近岸表层沉积物重金属污染特征分析及风险评估[J]. 环境科学学报, 2021, 41(11).

[44]韩永辉, 黄亮雄, 王贤彬. 产业结构优化升级改进生态效率了吗?[J]. 数量经济技术经济研究, 2016, 33(4).

[45]郝吉明, 王金南, 张守攻, 等. 长江经济带生态文明建设若干战略问题研究[J]. 中国工程科学, 2022, 24(1).

[46]何李. 区划型行政壁垒: 地方政府合作中亟待破除的空间障碍[J]. 理论与现代化, 2018(4).

[47]何音, 蔡满堂. 京津冀地区资源环境压力与人口关系研究[J]. 人口与发展, 2016, 22(1).

[48]胡星. 新型城镇化时空质演化规律结构转型与内生发展——一个演化经济学的分析框架[J]. 发展研究, 2017(1).

[49]胡中华, 周振新. 区域环境治理: 从运动式协作到常态化协同[J]. 中国人口·资源与环境, 2021, 31(3).

[50]黄金川, 方创琳. 城市化与生态环境交互耦合机制与规律性分析[J]. 地理研究, 2003(2).

[51]黄砺, 王佑辉, 吴艳. 中国建设用地扩张的变化路径识别[J]. 中国人口·资源与环境, 2012, 22(9).

[52]黄贤金, 陈逸, 赵雲泰, 等. 黄河流域国土空间开发格局优化研究——基于国土开发强度视角[J]. 地理研究, 2021, 40(6).

[53]姬兆亮, 戴永翔, 胡伟. 政府协同治理: 中国区域协调发展协同治理的实现路径[J]. 西北大学学报(哲学社会科学版), 2013, 43(2).

[54]吉昱华，蔡跃洲，杨克泉．中国城市集聚效益实证分析[J]．管理世界，2004(3)．

[55]贾倩，曹国志，於方，等．基于环境风险系统理论的长江流域突发水污染事件风险评估研究[J]．安全与环境工程，2017，24(4)．

[56]金凤君，马丽，许堞．黄河流域产业发展对生态环境的胁迫诊断与优化路径识别[J]．资源科学，2020，42(1)．

[57]孔令桥，张路，郑华，等．长江流域生态系统格局演变及驱动力[J]．生态学报，2018，38(3)．

[58]雷金睿，陈宗铸，陈毅青，等．海南省湿地生态系统健康评价体系构建与应用[J]．湿地科学，2020，18(5)．

[59]李琛，高彬嫔，吴映梅，等．基于PLUS模型的山区城镇景观生态风险动态模拟[J]．浙江农林大学学报，2022，39(1)．

[60]李聃，李玮，周睿萌，等．长江大保护战略下科技支撑长江生态环境治理的几点思考[J]．环境工程技术学报，2022，12(2)．

[61]李德胜，王占岐，蓝希．城市土地生态安全评价及障碍因子研究——以武汉市为例[J]．中国国土资源经济，2017，30(8)．

[62]李干杰．坚持走生态优先、绿色发展之路 扎实推进长江经济带生态环境保护工作[J]．环境保护，2016，44(11)．

[63]李海生，王丽婧，张泽乾，等．长江生态环境协同治理的理论思考与实践[J]．环境工程技术学报，2021，11(3)．

[64]李汉卿．协同治理理论探析[J]．理论月刊，2014(1)．

[65]李欢欢，张雪琦，张永霖，等．城市生态环境损害鉴定评估监测体系研究[J]．生态学报，2019，39(17)．

[66]李建豹，黄贤金，孙树臣，等．长三角地区城市土地与能源消费 CO_2 排放的时空耦合分析[J]．地理研究，2019，38(9)．

[67]李静，李雪铭，刘自强．基于城市化发展体系的城市生态环境评价与分析[J]．中国人口·资源与环境，2009，19(1).

[68]李礼，孙翊锋．生态环境协同治理的应然逻辑、政治博弈与实现机制[J]．湘潭大学学报(哲学社会科学版)，2016，40(3).

[69]李娜．生态环境监管应由“碎片化”走向“系统化”[J]．人民论坛，2019(2).

[70]李强，王亚仓．长江经济带环境治理组合政策效果评估[J]．公共管理学报，2022，19(2).

[71]李胜，卢俊．从“碎片化”困境看跨域性突发环境事件治理的目标取向[J]．经济地理，2018，38(11).

[72]李世祥，刘江宜，张莉，等．煤炭消费、碳排放与区域经济绩效——基于13个煤炭消费大省的实证研究[J]．资源科学，2013，35(8).

[73]李世祥，王楠，吴巧生，等．贫困地区能源与环境约束下经济增长尾效及其特征——基于中国21个省份2000—2017年面板数据的实证研究[J]．数量经济技术经济研究，2020，37(11).

[74]李婷婷．协作治理：国内研究和域外进展综论[J]．社会主义研究，2018(3).

[75]李玮麒，兰泽英，陈德权，等．广州市土地利用多情景模拟及其生态风险时空响应[J]．水土保持通报，2020，40(4).

[76]李杨帆，林静玉，孙翔．城市区域生态风险预警方法及其在景观生态安全格局调控中的应用[J]．地理研究，2017，36(3).

[77]李玉平，蔡运龙．河北省土地生态安全评价[J]．北京大学学报(自然科学版)，2007(6).

[78]李智礼，匡文慧，赵丹丹．京津冀城市群人口城镇化与土地

利用耦合机理[J]. 经济地理，2020，40(8).

[79]连玉君，杨柳.Stata中因子变量的使用方法[J]. 郑州航空工业管理学院学报，2018，36(2).

[80]梁红梅，刘卫东，刘会平，等. 土地利用社会经济效益与生态环境效益的耦合关系——以深圳市和宁波市为例[J]. 中国土地科学，2008(2).

[81]梁龙武，王振波，方创琳，等. 京津冀城市群城市化与生态环境时空分异及协同发展格局[J]. 生态学报，2019，39(4).

[82]廖邦固，徐建刚，宣国富，等.1947-2000年上海中心城区居住空间结构演变[J]. 地理学报，2008(2).

[83]林伯强，刘希颖. 中国城市化阶段的碳排放：影响因素和减排策略[J]. 经济研究，2010，45(8).

[84]刘斌，冀巍，丁长春. 区域生态风险评价方法研究[J]. 科技创新与应用，2013(11).

[85]刘秉镰，朱俊丰，周玉龙. 中国区域经济理论演进与未来展望[J]. 管理世界，2020，36(2).

[86]刘晨宇，田爱民，孙菲，等. 生态风险评价方法与应用研究进展[J]. 科技管理研究，2020，40(2).

[87]刘春艳，张科，刘吉平.1976-2013年三江平原景观生态风险变化及驱动力[J]. 生态学报，2018，38(11).

[88]刘迪，陈海，耿甜伟，等. 基于地貌分区的陕西省区域生态风险时空演变[J]. 地理科学进展，2020，39(2).

[89]刘海猛，方创琳，李咏红. 城镇化与生态环境"耦合魔方"的基本概念及框架[J]. 地理学报，2019，74(8).

[90]刘佳奇.《长江保护法》中生态环境保护制度体系的逻辑展开

[J]. 环境保护，2021，49(Z1).

[91]刘江帆，唐臣臣．构建生态环境治理项目投融资机制分析框架研究[J]. 环境保护科学，2022，48(6).

[92]刘娟，王飞，韩文辉，等．汾河上中游流域生态系统健康评价[J]. 水资源与水工程学报，2018，29(3).

[93]刘苗苗，李若琦，张海波，等．我国生态环境风险分担与利益分配机制：问题与对策[J]. 环境保护，2019，47(8).

[94]刘伟辉，陈国生，王连球，等．城市生态环境制约城市竞争力的机理分析——以湖南省为例[J]. 管理世界，2012(2).

[95]刘希林，尚志海．自然灾害风险主要分析方法及其适用性述评[J]. 地理科学进展，2014，33(11).

[96]刘彦随．现代人地关系与人地系统科学[J]. 地理科学，2020，40(8).

[97]刘耀彬，陈斐，李仁东．区域城市化与生态环境耦合发展模拟及调控策略——以江苏省为例[J]. 地理研究，2007(1).

[98]刘耀彬，宋学锋．城市化与生态环境耦合模式及判别[J]. 地理科学，2005(4).

[99]刘勇，邢育刚，李晋昌．土地生态风险评价的理论基础及模型构建[J]. 中国土地科学，2012，26(6).

[100]龙花楼，刘永强，李婷婷，等．生态文明建设视角下土地利用规划与环境保护规划的空间衔接研究[J]. 经济地理，2014，34(5).

[101]卢新海，陈丹玲，匡兵．区域一体化背景下城市土地利用效率指标体系设计及区域差异——以长江中游城市群为例[J]. 中国人口·资源与环境，2018，28(7).

[102]鲁长安，王宇．生态环境风险的识别、预警与防范化解[J].

学习月刊，2019(8).

[103]陆大道，陈明星．关于“国家新型城镇化规划(2014-2020)”编制大背景的几点认识[J]．地理学报，2015，70(2).

[104]罗能生，李佳佳，罗富政．中国城镇化进程与区域生态效率关系的实证研究[J]．中国人口·资源与环境，2013，23(11).

[105]吕红迪，万军，王成新，等．城市生态红线体系构建及其与管理制度衔接的研究[J]．环境科学与管理，2014，39(1).

[106]吕乐婷，张杰，孙才志，等．基于土地利用变化的细河流域景观生态风险评估[J]．生态学报，2018，38(16).

[107]吕丽娜．区域协同治理：地方政府合作困境化解的新思路[J]．学习月刊，2012(4).

[108]马金卫，吴晓青，周迪，等．海岸带城镇空间扩展情景模拟及其生态风险评价[J]．资源科学，2012，34(1).

[109]马丽，田华征，康蕾．黄河流域矿产资源开发的生态环境影响与空间管控路径[J]．资源科学，2020，42(1).

[110]马贤磊，唐亮，孙萌丽．城镇土地生态环境效应的影响因素研究：基于 LMDI 分解模型[J]．南京农业大学学报(社会科学版)，2018，18(2).

[111]马艳，钟春兰．灰色预测模型在土地生态安全预警中的应用[J]．统计与决策，2018，34(12).

[112]马艳．长江经济带城镇化与生态环境耦合协调效应测度与交互胁迫关系验证[J]．长江流域资源与环境，2020，29(2).

[113]马颖忆，刘志峰．江苏省景观生态风险评估及其与城镇化的动态响应[J]．南京林业大学学报(自然科学版)，2021，45(5).

[114]缪细英，廖福霖，祁新华．生态文明视野下中国城镇化问题

研究[J]. 福建师范大学学报(哲学社会科学版), 2011(1).

[115]莫贵芬, 冯建中, 王中美, 等. 中亚阿姆河跨境流域景观生态风险时空演变特征分析[J]. 干旱地区农业研究, 2022, 40(1).

[116]农潭, 严志强, 彭定新. 广西北部湾经济区土地利用生态风险评价[J]. 广西师范学院学报(自然科学版), 2017, 34(4).

[117]潘家华. 特大城市的环境治理: 技术张力与边界刚性[J]. 城市与环境研究, 2015(3).

[118]彭建, 党威雄, 刘焱序, 等. 景观生态风险评价研究进展与展望[J]. 地理学报, 2015, 70(4).

[119]彭情. 基于整体性治理的城市生态环境治理策略研究[J]. 当代经济, 2015(22).

[120]钱易. 城镇化与生态文明建设[J]. 中国环境管理, 2016, 8(2).

[121]乔文怡, 黄贤金. 长三角城市群城镇用地扩展时空格局及驱动力解析[J]. 经济地理, 2021, 41(9).

[122]曲福田, 赵海霞, 朱德明. 江苏省土地生态安全问题及对策研究[J]. 环境保护, 2005(2).

[123]权衡. 中国区域经济发展战略理论研究述评[J]. 中国社会科学, 1997(6).

[124]任博. 变革与创新: 中国快速城镇化进程中的城市治理困境及其破解之道[J]. 内蒙古大学学报(哲学社会科学版), 2019, 51(6).

[125]任超, 杜倩倩, 夏炎, 等. 典型矿区农用地土壤重金属污染评价分区探讨[J]. 环境污染与防治, 2021, 43(12).

[126]任宇飞, 方创琳, 孙思奥, 等. 城镇化与生态环境近远程耦合关系研究进展[J]. 地理学报, 2020, 75(3).

[127]邵磊，陈郁，张树深．基于AHP和熵权的跨界突发性大气环境风险源模糊综合评价[J]．中国人口·资源与环境，2010，20(S1)．

[128]邵帅，张可，豆建民．经济集聚的节能减排效应：理论与中国经验[J]．管理世界，2019，35(1)．

[129]沈鸿飞，张军，邱慧珍，等．区域生态环境状况综合评价——以甘肃省庆阳市为例[J]．干旱区资源与环境，2011，25(6)．

[130]盛业旭，刘琼，欧名豪，等．城市土地扩张与经济发展的Kuznets曲线效应分析——以江苏省13个地级市为例[J]．资源科学，2014，36(2)．

[131]司林波，张锦超．跨行政区生态环境协同治理的动力机制、治理模式与实践情境——基于国家生态治理重点区域典型案例的比较分析[J]．青海社会科学，2021(4)．

[132]宋波，杨子杰，张云霞，等．广西西江流域土壤镉含量特征及风险评估[J]．环境科学，2018，39(4)．

[133]宋建波，武春友．城市化与生态环境协调发展评价研究——以长江三角洲城市群为例[J]．中国软科学，2010(2)．

[134]孙黄平，黄震方，徐冬冬，等．泛长三角城市群城镇化与生态环境耦合的空间特征与驱动机制[J]．经济地理，2017，37(2)．

[135]孙垦，华宇峰，王镇岳．工业废水重金属污染与健康风险评价研究[J]．华北水利水电大学学报(自然科学版)，2022，43(3)．

[136]孙丽．区域环境风险综合评价研究进展[J]．环境与发展，2018，30(4)．

[137]孙钰，梁一灿，齐艳芬，等．京津冀城市群生态效率的时序演进与空间分布特征[J]．生态经济，2021，37(12)．

[138]谈明洪，李秀彬，吕昌河．我国城市用地扩张的驱动力分析

[J]. 经济地理, 2003(5).

[139]唐健雄, 曾芳. 长江经济带生态环境对城镇化响应强度的时空演化[J]. 中南林业科技大学学报(社会科学版), 2021, 15(4).

[140]唐学军, 陈晓霞. 资源型城市群的城市化与生态环境保护协同治理路径研究——基于川陕革命老区5市数据[J]. 中南林业科技大学学报(社会科学版), 2022, 16(2).

[141]唐征, 吴昌子, 谢白, 等. 区域环境风险评估研究进展[J]. 环境监测管理与技术, 2012, 24(1).

[142]田俊峰, 王彬燕, 王士君. 东北三省城市土地利用效益评价及耦合协调关系研究[J]. 地理科学, 2019, 39(2).

[143]田玲, 吴汉福, 邓红江, 等. TCLP法评价贵州六枝某矿区煤矸石山周围土壤重金属的生态环境风险[J]. 贵州农业科学, 2013, 41(1).

[144]田培杰. 协同治理概念考辨[J]. 上海大学学报(社会科学版), 2014, 31(1).

[145]童陆亿, 胡守庚. 中国主要城市建设用地扩张特征[J]. 资源科学, 2016, 38(1).

[146]汪德根, 孙枫. 长江经济带陆路交通可达性与城镇化空间耦合协调度[J]. 地理科学, 2018, 38(7).

[147]王宾, 于法稳. 长江经济带城镇化与生态环境的耦合协调及时空格局研究[J]. 华东经济管理, 2019, 33(3).

[148]王飞, 叶长盛, 华吉庆, 等. 南昌市城镇空间扩展与景观生态风险的耦合关系[J]. 生态学报, 2019, 39(4).

[149]王冠军. 生态文明视角下新型城镇化建设的路径研究[J]. 生态经济, 2020, 36(3).

[150]王洪丽．城市生态环境问题及风险评价研究[J]．环境工程，2022，40(9)．

[151]王俭，路冰，李璇，等．环境风险评价研究进展[J]．环境保护与循环经济，2017，37(12)．

[152]王娟娟，何佳琛．西部地区生态环境脆弱性评价[J]．统计与决策，2013(22)．

[153]王俊龙，庞凤娇，张艳梅．国内外城镇化与生态环境协调关系动态研究[J]．湖南生态科学学报，2022，9(1)．

[154]王少剑，崔子恬，林靖杰，等．珠三角地区城镇化与生态韧性的耦合协调研究[J]．地理学报，2021，76(4)．

[155]王巍，韩君．能源消费变动对污染物排放影响的时空效应研究[J]．兰州大学学报(社会科学版)，2021，49(4)．

[156]王兴富，曹人升，吴先亮，等．喀斯特山地废弃矿区土壤重金属污染评价[J]．贵州师范大学学报(自然科学版)，2021，39(5)．

[157]王学栋，张定安．我国区域协同治理的现实困局与实现途径[J]．中国行政管理，2019(6)．

[158]王逸初，孙皓．我国城乡居民消费结构演化趋势研究——基于β趋同视角的分析[J]．价格理论与实践，2022(10)．

[159]王雨辰，陈富国．习近平的生态文明思想及其重要意义[J]．武汉大学学报(人文科学版)，2017，70(4)．

[160]王云，潘竟虎．基于生态系统服务价值重构的干旱内陆河流域生态安全格局优化——以张掖市甘州区为例[J]．生态学报，2019，39(10)．

[161]王喆，周凌一．京津冀生态环境协同治理研究——基于体制机制视角探讨[J]．经济与管理研究，2015，36(7)．

[162]韦宇婵，张丽琴．河南省土地生态安全警情时空演变及障碍因子[J]．水土保持研究，2020，27(3)．

[163]巫丽芸．景观生态风险评价的方法研究[J]．国土与自然资源研究，2008(4)．

[164]吴冠岑，牛星．土地生态安全预警的惩罚型变权评价模型及应用——以淮安市为例[J]．资源科学，2010，32(5)．

[165]吴健生，乔娜，彭建，等．露天矿区景观生态风险空间分异[J]．生态学报，2013，33(12)．

[166]吴静，白中科，赵雪娇．资源型城市城镇化进程及其土地利用生态风险研究[J]．中国矿业，2020，29(8)．

[167]武晓利．环保技术、节能减排政策对生态环境质量的动态效应及传导机制研究——基于三部门 DSGE 模型的数值分析[J]．中国管理科学，2017，25(12)．

[168]奚世军，安裕伦，李阳兵，等．基于景观格局的喀斯特山区流域生态风险评估——以贵州省乌江流域为例[J]．长江流域资源与环境，2019，28(3)．

[169]夏丛，胡守庚，吴思，等．长江经济带城市用地效率时空演变特征[J]．经济地理，2021，41(8)．

[170]夏光．中国生态环境风险及应对策略[J]．中国经济报告，2015(1)．

[171]肖芬蓉，王维平．长江经济带生态环境治理政策差异与区域政策协同机制的构建[J]．重庆大学学报(社会科学版)，2020，26(4)．

[172]肖风劲，欧阳华．生态系统健康及其评价指标和方法[J]．自然资源学报，2002(2)．

[173]邢永健，王旭，杜航．集对分析在区域大气环境风险评价中

的应用研究[J]. 中国环境科学, 2016, 36(2).

[174]邢永健, 王旭, 可欣, 等. 基于风险场的区域突发性环境风险评价方法研究[J]. 中国环境科学, 2016, 36(4).

[175]徐国荣, 马维伟, 李广, 等. 基于PSR模型的甘南尕海湿地生态系统健康评价[J]. 水土保持通报, 2019, 39(6).

[176]徐鹤, 王焕之, 刘婷. 基于"三线一单"的生态环境风险防范框架[J]. 环境保护, 2019, 47(19).

[177]徐辉, 丁祖栋, 武玲玲. 黄河下游沿黄城市生态系统健康评价[J]. 人民黄河, 2022, 44(2).

[178]许妍, 高俊峰, 赵家虎, 等. 流域生态风险评价研究进展[J]. 生态学报, 2012, 32(1).

[179]薛丽洋, 赵浦秋, 乔飞杨, 等. 甘肃省内陆河流域环境风险评估方法探究[J]. 安全与环境学报, 2022, 22(4).

[180]鄢忠纯. 上海市饮用水水源地企业环境风险评估[J]. 环境科学与技术, 2010, 33(S1).

[181]闫梅, 黄金川. 国内外城市空间扩展研究评析[J]. 地理科学进展, 2013, 32(7).

[182]严燕, 刘祖云. 风险社会理论范式下中国"环境冲突"问题及其协同治理[J]. 南京师大学报(社会科学版), 2014(3).

[183]杨庚, 张振佳, 曹银贵, 等. 晋北大型露天矿区景观生态风险时空异质性[J]. 生态学杂志, 2021, 40(1).

[184]杨静雯. 安徽省技术创新与生态环境耦合协调研究[J]. 中国环境管理干部学院学报, 2019, 29(4).

[185]杨世勇, 谢建春. 芜铜高速公路旁土壤中铅、镉迁移规律及其潜在生态风险评价[J]. 信阳师范学院学报(自然科学版), 2010, 23(1).

[186]姚士谋，张平宇，余成，等．中国新型城镇化理论与实践问题[J]．地理科学，2014，34(6)．

[187]姚尧，王世新，周艺，等．生态环境状况指数模型在全国生态环境质量评价中的应用[J]．遥感信息，2012，27(3)．

[188]易承志．跨界公共事务、区域合作共治与整体性治理[J]．学术月刊，2017，49(11)．

[189]雍凯婷，陈增文，李师炜，等．基于CEI的城市生态环境状况评价——以福建省为例[J]．亚热带资源与环境学报，2022，17(1)．

[190]於方，曹国志，齐霁，等．生态环境风险管理与损害赔偿制度现状与展望[J]．中国环境管理，2021，13(5)．

[191]于立．"生态文明"与新型城镇化的思考和理论探索[J]．城市发展研究，2016，23(1)．

[192]于文豪．区域协同治理的宪法路径[J]．法商研究，2022，39(2)．

[193]于文轩．生态环境协同治理的理论溯源与制度回应——以自然保护地法制为例[J]．中国地质大学学报(社会科学版)，2020，20(2)．

[194]于孝坤，熊欣怡，范廷玉，等．芜湖河道沉积物重金属污染及生态风险评估[J]．环境科学与技术，2021，44(6)．

[195]俞孔坚，王思思，李迪华，等．北京城市扩张的生态底线——基本生态系统服务及其安全格局[J]．城市规划，2010，34(2)．

[196]岳文泽，徐建华，徐丽华．基于遥感影像的城市土地利用生态环境效应研究——以城市热环境和植被指数为例[J]．生态学报，2006(5)．

[197]翟坤周．生态文明融入新型城镇化的空间整合与技术路径

[J]. 求实, 2016(6).

[198]翟婉盈, 欧阳雪姣, 周伟, 等. 长江干流近岸沉积物重金属的空间分布及风险评估[J]. 环境科学学报, 2017, 37(11).

[199]张宝. 从危害防止到风险预防: 环境治理的风险转身与制度调适[J]. 法学论坛, 2020, 35(1).

[200]张建伟, 谈珊. 我国城市环境治理中的多元共治模式研究[J]. 学习论坛, 2018(6).

[201]张健, 张舒. 长三角区域环境联合执法机制完善研究[J]. 中国环境管理, 2021, 13(2).

[202]张青兰, 吴璇. 生态风险治理: 从碎片化到社会治理共同体的转向[J]. 湖南科技大学学报(社会科学版), 2021, 24(5).

[203]张思锋, 刘晗梦. 生态风险评价方法述评[J]. 生态学报, 2010, 30(10).

[204]张松. 湖泊饮用水源地水环境健康风险评价的研究[J]. 环境与发展, 2018, 30(8).

[205]张学斌, 石培基, 罗君, 等. 基于景观格局的干旱内陆河流域生态风险分析——以石羊河流域为例[J]. 自然资源学报, 2014, 29(3).

[206]张艳会, 杨桂山, 万荣荣. 湖泊水生态系统健康评价指标研究[J]. 资源科学, 2014, 36(6).

[207]张扬, 师海猛. 黄河流域城镇化高质量发展与生态环境耦合协调度评价[J]. 统计与决策, 2022, 38(10).

[208]张永生. 基于生态文明推进中国绿色城镇化转型——中国环境与发展国际合作委员会专题政策研究报告[J]. 中国人口·资源与环境, 2020, 30(10).

[209]张蕴．生态文明建设呼唤多元共治[J]．人民论坛，2018(35)．

[210]张振波．论协同治理的生成逻辑与建构路径[J]．中国行政管理，2015(1)．

[211]赵丹阳，佟连军，仇方道，等．松花江流域城市用地扩张的生态环境效应[J]．地理研究，2017，36(1)．

[212]赵红，陈雨蒙．我国城市化进程与减少碳排放的关系研究[J]．中国软科学，2013(3)．

[213]赵建吉，刘岩，朱亚坤，等．黄河流域新型城镇化与生态环境耦合的时空格局及影响因素[J]．资源科学，2020，42(1)．

[214]赵越，罗志军，李雅婷，等．赣江上游流域景观生态风险的时空分异——从生产-生活-生态空间的视角[J]．生态学报，2019，39(13)．

[215]郑巧，肖文涛．协同治理：服务型政府的治道逻辑[J]．中国行政管理，2008(7)．

[216]郑思齐，万广华，孙伟增，等．公众诉求与城市环境治理[J]．管理世界，2013(6)．

[217]周彪，周晓猛，杨勇，等．镇域生态环境风险评价指标体系探究[J]．安全与环境学报，2010，10(2)．

[218]周迪，施平，吴晓青，等．烟台市城镇空间扩展及区域景观生态风险[J]．生态学杂志，2014，33(2)．

[219]周宏春，江晓军．习近平生态文明思想的主要来源、组成部分与实践指引[J]．中国人口·资源与环境，2019，29(1)．

[220]周锐．快速城镇化地区城镇扩展的生态安全格局[J]．城市发展研究，2013，21(8)．

[221]周夏飞，曹国志，於方，等．长江经济带突发水污染风险分区研究[J]．环境科学学报，2020，40(1)．

[222]周娴，陈德敏．生态环境安全的实践困境与法治进路[J]．重庆大学学报(社会科学版)，2022(10)．

[223]朱惇，徐芸，贾海燕，等．三峡库区江段潜在水环境污染风险评价研究[J]．长江流域资源与环境，2021，30(1)．

[224]朱高立，邹伟，王雪琪．经济结构调整对人口城镇化与土地城镇化协调性的影响差异[J]．中国人口·资源与环境，2018，28(5)．

[225]朱孔来，李静静，乐菲菲．中国城镇化进程与经济增长关系的实证研究[J]．统计研究，2011，28(9)．

[226]庄贵阳，窦晓铭，魏鸣昕．碳达峰碳中和的学理阐释与路径分析[J]．兰州大学学报(社会科学版)，2022，50(1)．

[227]ACOSTA J A，FAZ A，MARTINEZ-MARTINEZ S，et al. Multivariate statistical and GIS-based approach to evaluate heavy metals behavior in mine sites for future reclamation[J]. Journal of Geochemical Exploration，2011，109(1).

[228]AGOSTINI P，PIZZOL L，CRITTO A，et al. Regional risk assessment for contaminated sites Part 3：Spatial decision support system[J]. Environment International，2012，48(1).

[229]AHMAD M，ZHAO Z Y，LI H. Revealing stylized empirical interactions among construction sector，urbanization，energy consumption，economic growth and CO_2 emissions in China[J]. Science of The Total Environment，2019，657(20).

[230]AI J W，YU K Y，ZENG Z，et al. Assessing the dynamic landscape ecological risk and its driving forces in an island city based on optimal

spatial scales: Haitan Island, China [J]. Ecological Indicators, 2022, 137.

[231] AMINZADEH B, KHANSEFID M. A case study of urban ecological networks and a sustainable city: Tehran's metropolitan area[J]. Urban Ecosystems, 2010, 13(1).

[232] ARIKEN M, ZHANG F, CHAN N W, et al. Coupling coordination analysis and spatio-temporal heterogeneity between urbanization and eco-environment along the Silk Road Economic Belt in China[J]. Ecological Indicators, 2021, 121.

[233] AYAMBIRE R A, AMPONSAH O, PEPRAH C, et al. A review of practices for sustaining urban and peri-urban agriculture: Implications for land use planning in rapidly urbanising Ghanaian cities [J]. Land Use Policy, 2019, 84.

[234] BAI J, GUO K, LIU M, et al. Spatial variability, evolution, and agglomeration of eco-environmental risks in the Yangtze River Economic Belt, China[J]. Ecological Indicators, 2023, 152.

[235] BAI J, LI S, KANG Q, WANG N, et al. Spatial Spillover Effects of Renewable Energy on Carbon Emissions in Less-developed Areas of China[J]. Environmental Science and Pollution Research, 2021, 29(13).

[236] BAI J, LI S, WANG N, et al. Spatial Spillover Effect of New Energy Development on Economic Growth in Developing Areas of China—An Empirical Test Based on the Spatial Dubin Model[J]. Sustainability, 2020, 12(8).

[237] BARBER C P, COCHRANE M A, SOUZA C M, et al. Roads, deforestation, and the mitigating effect of protected areas in the Amazon[J].

Biological Conservation, 2014, 177.

[238]BARTOLO R E, VAN DAM R A, BAYLISS P. Regional Ecological Risk Assessment for Australia's Tropical Rivers: Application of the Relative Risk Model[J]. Human and Ecological Risk Assessment an International Journal, 2012, 18(1).

[239]BEER T. Ecological Risk Assessment and Quantitative Consequence Analysis[J]. Human and Ecological Risk Assessment, 2006, 12(1).

[240]BEKHET H A, OTHMAN N S. Impact of urbanization growth on Malaysia CO_2emissions: Evidence from the dynamic relationship[J]. Journal of Cleaner Production, 2017, 154(15).

[241]BREUSTE J, QURESHI S, LI J X. Applied urban ecology for sustainable urban environment[J]. Urban Ecosystems, 2013, 16(4).

[242]BUYANTUYEV A, WU J G. Urbanization alters spatiotemporal patterns of ecosystem primary production: A case study of the Phoenix metropolitan region, USA[J]. Journal of Arid Environments, 2009, 73(4).

[243]CALANNI J C, SIDDIKI S N, WEIBLE C M, et al. Explaining coordination in collaborative partnerships and clarifying the scope of the belief homophily hypothesis[J]. Journal of Public Administration Research and Theory, 2015, 25(3).

[244]CAO G, GAO Y, WANG J, et al. Spatially resolved risk assessment of environmental incidents in China[J]. Journal of Cleaner Production, 2019, 219.

[245]CAO Z, DERUDDER B, PENG Z W. Comparing the physical, functional and knowledge integration of the Yangtze River Delta city-region through the lens of inter-city networks[J]. Cities, 2018, 82.

[246]CHAVAN D, LAKSHMIKANTHAN P, MANJUNATHA G S, et al. Determination of risk of spontaneous waste ignition and leachate quality for open municipal solid waste dumpsite[J]. Waste Management, 2022, 154.

[247]CHEN W, CHI G, LI J. The spatial aspect of ecosystem services balance and its determinants[J]. Land Use Policy, 2020, 90.

[248]CHEN W, ZENG J, LI N. Change in land-use structure due to urbanization in China[J]. Journal of Cleaner Production, 2021, 321.

[249]CHIKARAISHI M, FUJIWARA A, KANEKO S J, et al. The moderating effects of urbanization on carbon dioxide emissions: A latent class modeling approach [J]. Technological Forecasting and Social Change, 2015, 90.

[250]CORTINOVIS C, GENELETTI D. A framework to explore the effects of urban planning decisions on regulating ecosystem services in cities [J]. Ecosystem Services, 2019, 38.

[251]COSTANZA R, DALY H E. Natural capital and sustainable development[J]. Conservation biology, 1992, 6(1).

[252]COSTANZA R, MAGEAU M. What is a healthy ecosystem? [J]. Aquatic Ecology, 1999, 33(1).

[253]CUI X, SHEN Z, LI Z, et al. Spatiotemporal evolutions and driving factors of green development performance of cities in the Yangtze River Economic Belt[J]. Ecological Informatics, 2021, 66.

[254]CZEKAJLO A, COOPS N C, WULDER M A, et al. Mapping dynamic peri-urban land use transitions across Canada using Landsat time series: Spatial and temporal trends and associations with socio-demographic factors[J]. Computers, Environment and Urban Systems, 2021, 88.

[255]DADI D, AZADI H, SENBETA F, et al. Urban sprawl and its impacts on land use change in Central Ethiopia[J]. Urban Forestry and Urban Greening, 2016, 16.

[256]DARVISHI A, YOUSEFI M, MARULL J. Modelling landscape ecological assessments of land use and cover change scenarios. Application to the Bojnourd Metropolitan Area (NE Iran)[J]. Land Use Policy, 2020, 99.

[257]DING G Y, LI X, GUO Q, et al. Environmental risk assessment approaches for industry park and their applications[J]. Resources, Conservation and Recycling, 2020, 159.

[258]DONG H M, XUE M G, XIAO Y J, et al. Do carbon emissions impact the health of residents? Considering China's industrialization and urbanization[J]. Science of The Total Environment, 2021, 758(1).

[259]EI-ZEINY A M, EL-HAMID H T A. Environmental and human risk assessment of heavy metals at northern Nile Delta region using geostatistical analyses[J]. The Egyptian Journal of Remote Sensing and Space Science, 2022, 25(1).

[260]ELHORST J P. Dynamic spatial panels: models, methods, and inferences[J]. Journal of Geographical Systems, 2012, 14(1).

[261] ENEDINO T R, Loures-Ribeiro A, Santos B A. Protecting biodiversity in urbanizing regions: The role of urban reserves for the conservation of Brazilian Atlantic Forest birds[J]. Perspectives in Ecology and Conservation, 2018, 16(1).

[262]ENQVIST J, TENGÖ M, BODIN Ö. Citizen networks in the Garden City: Protecting urban ecosystems in rapid urbanization[J]. Landscape and Urban Planning, 2014, 130.

[263]FAN J T, LI J S, QUAN Z J, et al. Impact of road construction on giant panda's habitat and its carrying capacity in Qinling Mountains[J]. Acta Ecologica Sinica, 2011, 31(3).

[264]FANG C, ZHOU C, GU C, et al. A proposal for the theoretical analysis of the interactive coupled effects between urbanization and the eco-environment in mega-urban agglomerations[J]. Journal of Geographical Sciences, 2017, 27(12).

[265]FENG Y X, ZHANG H, RAD S, et al. Visual analytic hierarchical process for in situ identification of leakage risk in urban water distribution network[J], Sustainable Cities and Society, 2021, 75.

[266] GIBBS M. Ecological Risk Assessment, Prediction, and Assessing Risk Predictions[J]. Risk Analysis, 2011, 31(11).

[267] GONG W, LI V. The territorial impact of high-speed rail on urban land development[J]. Cities, 2022, 125.

[268]GUO K, LI S, WANG Z, et al. Impact of Regional Green Development Strategy on Environmental Total Factor Productivity: Evidence from the Yangtze River Economic Belt, China[J]. International Journal of Environmental Research and Public Health, 2021, 18(5).

[269]HAN I, KRISTINA W, CHRISTENSEN B, et al. Heavy metal pollution of soils and risk assessment in Houston, Texas following Hurricane Harvey[J]. Environmental Pollution, 2022, 296.

[270]HASHMI S H, FAN H Z, HABIB Y, et al. Non-linear relationship between urbanization paths and CO_2 emissions: A case of South, South-East and East Asian economies[J]. Urban Climate, 2021, 37.

[271]HAYASHI T I, KASHIWAGI N. A Bayesian approach to probabi-

listic ecological risk assessment: risk comparison of nine toxic substances in Tokyo surface waters[J]. Environmental Science and Pollution Research, 2011, 18(3).

[272]HE J Q, WANG S J, LIU Y Y, et al. Examining the relationship between urbanization and the eco-environment using a coupling analysis: Case study of Shanghai, China[J]. Ecological Indicators, 2017, 77.

[273]HERMOSILLA T, WULDER M A, WHITE J C, et al. Impact of time on interpretations of forest fragmentation: Three-decades of fragmentation dynamics over Canada[J]. Remote Sensing of Environment, 2019, 222.

[274] HU M, LI Z, YUAN M, et al. Spatial differentiation of ecological security and differentiated management of ecological conservation in the Pearl River Delta, China[J]. Ecological Indicators, 2019, 104.

[275]HUO T F, TANG M H, CAI W G, et al. Provincial total-factor energy efficiency considering floor space under construction: an empirical analysis of China's construction industry[J]. Journal of Cleaner Production, 2020, 244.

[276]HURLEY P T, WALKER P A. Whose vision? Conspiracy theory and land-use planning in Nevada County, California[J]. Environment and Planning A, 2004, 36(9).

[277]JIN X, JIN Y, MAO X. Ecological risk assessment of cities on the Tibetan Plateau based on land use/land cover changes-Case study of Delingha City[J]. Ecological Indicators, 2019, 101.

[278]KAIKKONEN L, VENESJÄRVI R, NYGÅRD H, et al. Assessing the impacts of seabed mineral extraction in the deep sea and coastal marine environments: Current methods and recommendations for environmental

risk assessment[J]. Marine Pollution Bulletin, 2018, 135.

[279] KANWAR P, BOWDEN W B, GREENHALGH S. A Regional Ecological Risk Assessment of the Kaipara Harbour, New Zealand, Using a Relative Risk Model[J]. Human and Ecological Risk Assessment: An International Journal, 2014, 21(4).

[280] KARLSON M, MöRTBERG U. A spatial ecological assessment of fragmentation and disturbance effects of the Swedish road network[J]. Landscape and Urban Planning, 2015, 134.

[281] KASMAN A, DUMAN Y S. CO_2 emissions, economic growth, energy consumption, trade and urbanization in new EU member and candidate countries: a panel data analysis[J]. Economic Modelling, 2015, 44.

[282] KOROSO N H, LENGOIBONI M, ZEVENBERGEN J A. Urbanization and urban land use efficiency: Evidence from regional and Addis Ababa satellite cities, Ethiopia[J]. Habitat International, 2021, 117.

[283] LEE K, JEPSON W. Drivers and barriers to urban water reuse: A systematic review[J]. Water Security, 2020, 11(5).

[284] LEWIS W A. Economic development with unlimited supplies of labour[J]. The Manchester school, 1954, 22(5).

[285] LI B, HANEKLAUS N. Reducing CO2 emissions in G7 countries: The role of clean energy consumption, trade openness and urbanization[J]. Energy Reports, 2022, 8(4).

[286] LI Q, YU Y, JIANG X Q, et al. Multifactor-based environmental risk assessment for sustainable land-use planning in Shenzhen, China [J]. Science of The Total Environment, 2018, 657.

[287] LI S J, ZHANG J Q, GUO E L, et al. Dynamics and ecological

risk assessment of chromophoric dissolved organic matter in the Yinma River Watershed: Rivers, reservoirs, and urban waters[J]. Environmental Research, 2017, 158.

[288]LI X H, LI J Y. Study on Ecological Risk Assessment in China [J]. Journal of Arid Land Resources and Environment, 2008, 22(3).

[289]LIU H, FANG C, MIAO Y, et al. Spatio-temporal evolution of population and urbanization in the countries along the Belt and Road 1950-2050[J]. Journal of Geographical Sciences, 2018, 28(7).

[290]LIU J G, LI S J, JI Q. Regional differences and driving factors analysis of carbon emission intensity from transport sector in China[J]. Energy, 2021, 224.

[291]LIU J, JIN X B, XU W Y, et al. A new framework of land use efficiency for the coordination among food, economy and ecology in regional development[J]. Science of The Total Environment, 2020, 710.

[292]LUO F H, LIU Y X, PENG J, et al. Assessing urban landscape ecological risk through an adaptive cycle framework[J]. Landscape and Urban Planning, 2018, 180.

[293]MARTIN O A, ADAMS J, BEASLEY A, et al. Improving environmental risk assessments of chemicals: Steps towards evidence-based ecotoxicology[J]. Environment International, 2019, 128.

[294]MARTÍNEZ-ZARZOSO I, MARUOTTI A. The impact of urbanization on CO_2 emissions: Evidence from developing countries[J]. Ecological Economics, 2011, 70(7).

[295]MARX A, ROGERS M Z. Analysis of Panamanian DMSP/OLS nightlights corroborates suspicions of inaccurate fiscal data: A natural experi-

ment examining the accuracy of GDP data[J]. Remote Sensing Applications: Society and Environment, 2017, 8.

[296] MCDONALD R I, MANSUR A V, ASCENSÃO F, et al. Research gaps in knowledge of the impact of urban growth on biodiversity [J]. Nature Sustainability, 2020, 3(1).

[297] MILLER J D, HUTCHINS M. The impacts of urbanization and climate change on urban flooding and urban water quality: A review of the evidence concerning the United Kingdom[J]. Journal of Hydrology: Regional Studies, 2017, 12.

[298] MO W B, WANG Y, ZHANG Y, et al. Impacts of road network expansion on landscape ecological risk in a megacity, China: A case study of Beijing[J]. Science of The Total Environment, 2017, 574.

[299] MORENO-JIMÉNEZ E, GARCÍA-GÓMEZ C, OROPESA A L, et al. Screening risk assessment tools for assessing the environmental impact in an abandoned pyritic mine in Spain[J]. Science of The Total Environment, 2010, 409(4).

[300] MUHAMMAD S, LONG X L, SALMAN M, et al. Effect of urbanization and international trade on CO_2 emissions across 65 belt and road initiative countries[J]. Energy, 2020, 196.

[301] NARAYANARAJ G, WIMBERLY M C. Influences of forest roads on the spatial patterns of human-and lightning-caused wildfire ignitions[J]. Applied Geography, 2012, 32(2).

[302] NOBLE B, NWANEKEZIE K. Conceptualizing strategic environmental assessment: Principles, approaches and research directions[J]. Environmental Impact Assessment Review, 2017, 62.

[303]OKAMOTO C, SATO Y. Impacts of high-speed rail construction on land prices in urban agglomerations: Evidence from Kyushu in Japan[J]. Journal of Asian Economics, 2021(76).

[304]OLIVEIRA S, ANDRADE H, VAZ T. The cooling effect of green spaces as a contribution to the mitigation of urban heat: A case study in Lisbon[J]. Building and Environment, 2011, 46(11).

[305] PAELINCK J. Spatial econometrics [J]. Economics Letters, 1978, 1(1).

[306]PHUC N, VAN WESTEN A, ZOOMERS A. Agricultural land for urban development: The process of land conversion in Central Vietnam[J]. Habitat International, 2014, 41.

[307]QIAO W, GAO J, GUO Y, et al. Multi-dimensional expansion of urban space through the lens of land use: The case study of Nanjing City, China[J]. Journal of Geographical Sciences, 2019, 29(5).

[308] QIN M, SUN M X, LI J. Impact of environmental regulation policy on ecological efficiency in four major urban agglomerations in eastern China[J]. Ecological Indicators, 2021, 130.

[309] RAMYAR R. Social-ecological mapping of urban landscapes: Challenges and perspectives on ecosystem services in Mashhad, Iran[J]. Habitat International, 2019(92).

[310]RAN P L, HU S G, FRAZIER A E, et al. Exploring changes in landscape ecological risk in the Yangtze River Economic Belt from a spatiotemporal perspective[J]. Ecological Indicators, 2022, 137.

[311]RAPPORT D J, MAFFI L. Eco-cultural health, global health, and sustainability[J]. Ecological Research, 2011, 26(6).

[312]REHMAN E, REHMAN S. Modeling the nexus between carbon emissions, urbanization, population growth, energy consumption, and economic development in Asia: Evidence from grey relational analysis [J]. Energy Reports, 2022, 8.

[313]RICHTER B D, BLOUNT M E, BOTTORFF C, et al. Assessing the Sustainability of Urban Water Supply Systems [J]. Journal of the American Water Works Association, 2018, 110(2).

[314]SADORSKY P. The effect of urbanization on CO_2 emissions in emerging economies[J]. Energy Economics, 2014, 41.

[315]SAHRAOUI Y, LESKI C, BENOT M L, et al. Integrating ecological networks modelling in a participatory approach for assessing impacts of planning scenarios on landscape connectivity[J]. Landscape and Urban Planning, 2021, 209.

[316]SCHNELL I, BENJAMINI Y. Globalization and the structure of urban social space: the lesson from Tel Aviv[J]. Urban Studies, 2005, 42(13).

[317]SERGEANT A. Management objectives for ecological risk assessment - developments at USEPA [J]. Environmental Science and Policy, 2000, 3(6).

[318]SHI J, DU P, LUO H L, et al. Soil contamination with cadmium and potential risk around various mines in China during 2000-2020[J]. Journal of Environmental Management, 2022, 310.

[319]SHI J, LI S, SONG Y, et al. How socioeconomic factors affect ecosystem service value: Evidence from China[J]. Ecological Indicators, 2022, 145.

[320]SHI Y J, WANG R S, LU Y L, et al. Regional multi-compartment ecological risk assessment: Establishing cadmium pollution risk in the northern Bohai Rim, China[J]. Environment international, 2016, 94(9).

[321]SHI Y, REN X Y, GUO K, et al. Research on the economic development pattern of Chinese counties based on electricity consumption[J]. Energy Policy, 2020, 147.

[322]SONG M L, ZHAO X, SHANG Y P. The impact of low-carbon city construction on ecological efficiency: Empirical evidence from quasi-natural experiments[J]. Resources, Conservation and Recycling, 2020, 157.

[323]SUN B D, CUI L J, LI W, et al. A meta-analysis of coastal wetland ecosystem services in Liaoning Province, China[J]. Estuarine, Coastal and Shelf Science, 2018, 200.

[324]SUTER G W, VERMEIRE T, MUNNS W R, et al. Framework for the Integration of Health and Ecological Risk Assessment[J]. Human and Ecological Risk Assessment an International Journal, 2003, 9(1).

[325]TANG L, MA W. Assessment and management of urbanization-induced ecological risks[J]. International Journal of Sustainable Development and World Ecology, 2018, 25(5).

[326]TIAN L, GE B Q, LI Y F. Impacts of state-led and bottom-up urbanization on land use change in the peri-urban areas of Shanghai: Planned growth or uncontrolled sprawl? [J]. Cities, 2017, 60.

[327]TOBLER W R. A computer movie simulating urban growth in the detroit region[J]. Economic Geography, 1970, 46(2).

[328]WANG H. Regional assessment of ecological risk caused by human activities on wetlands in the Muleng-Xingkai Plain of China using a pressure-

capital - vulnerability - response model [J]. Wetlands Ecology and Management, 2022, 30(1).

[329] WANG L, LI Q Y, QIU Q Y, et al. Assessing the ecological risk induced by PM2.5 pollution in a fast developing urban agglomeration of southeastern China[J]. Journal of Environmental Management, 2022, 324.

[330] WANG S J, MA H T, ZHAO Y B. Exploring the relationship between urbanization and the eco-environment—A case study of Beijing-Tianjin-Hebei region[J]. Ecological Indicators, 2014, 45.

[331] WANG S J, XIE Z H, WU R, et al. How does urbanization affect the carbon intensity of human well-being? A global assessment[J]. Applied Energy, 2022, 312.

[332] WANG W Z, LIU L C, LIAO H, et al. Impacts of urbanization on carbon emissions: An empirical analysis from OECD countries [J]. Energy Policy, 2021, 151.

[333] WANG X P, WANG L Q, ZHANG Q, et al. Integrated assessment of the impact of land use types on soil pollution by potentially toxic elements and the associated ecological and human health risk[J]. Environmental Pollution, 2022, 299.

[334] WANG Y R, WANG R M, FAN L Y, et al. Assessment of multiple exposure to chemical elements and health risks among residents near Huodehong lead-zinc mining area in Yunnan, Southwest China[J]. Chemosphere, 2017, 174.

[335] WANG Y, ZHANG C, LU A T, et al. A disaggregated analysis of the environmentalKuznets curve for industrial CO_2 emissions in China[J]. Applied Energy, 2017, 190.

[336]WONG D W S, SHAW S L. Measuring segregation: An activity space approach[J]. Journal of Geographical Systems, 2011, 13(2).

[337]WU R, LI Y C, WANG S J. Will the construction of high-speed rail accelerate urban land expansion? Evidences from Chinese cities[J]. Land Use Policy, 2022, 114.

[338]WU W J, ZHAO S Q, ZHU C, et al. A comparative study of urban expansion in Beijing, Tianjin and Shijiazhuang over the past three decades[J]. Landscape and Urban Planning, 2015, 134.

[339]WU Y Z, SHEN J H, ZHANG X L, et al. The impact of urbanization on carbon emissions in developing countries: a Chinese study based on the U-Kaya method[J]. Journal of Cleaner Production, 2016, 135.

[340]XIE X X, DRIES L, HEIJMAN W, et al. Land value creation and benefit distribution in the process of rural-urban land conversion: A case study in Wuhan City, China[J]. Habitat International, 2021, 109.

[341]XU X G, LIN H P, FU Z Y. Probe into the method of regional ecological risk assessment—a case study of wetland in the Yellow River Delta in China[J]. Journal of Environmental Management, 2004, 70(3).

[342]XU X, XIE Y J, QI K, et al. Detecting the response of bird communities and biodiversity to habitat loss and fragmentation due to urbanization[J]. Science of the Total Environment, 2018, 624.

[343]YAN J, YANG J, ZHU F, et al. Green city and government ecological environment management based on ZigBee technology[J]. Environmental Technology and Innovation, 2021(23).

[344]YAN K, WANG H Z, LAN Z, et al. Heavy metal pollution in the soil of contaminated sites in China: Research status and pollution assess-

ment over the past two decades[J]. Journal of Cleaner Production, 2022, 373.

[345]YANG M, SHI L Y, LIU B Q. Risks assessment and driving forces of urban environmental accident[J]. Journal of Cleaner Production, 2022, 340.

[346]YANG S Y, WANG W Z, FENG D W, et al. Impact of pilot environmental policy on urban eco - innovation [J]. Journalof Cleaner Production, 2022, 341.

[347]YAO F, ZHU H S, WANG M J. The Impact of Multiple Dimensions of Urbanization on CO_2 Emissions: A Spatial and Threshold Analysis of Panel Data on China's Prefecture-Level Cities[J]. Sustainable Cities and Society, 2021, 73.

[348]YI P T, DONG Q K, LI W W. Evaluation of city sustainability using the deviation maximization method[J]. Sustainable Cities and Society, 2019, 50.

[349]ZHANG Y S, LU X, LIU B Y, et al. Spatial relationships between ecosystem services and socioecological drivers across a large-scale region: A case study in the Yellow River Basin[J]. Science of The Total Environment, 2021, 766.

[350]ZHENG H L, GAO X Y, SUN Q R, et al. The impact of regional industrial structure differences on carbon emission differences in China: An evolutionary perspective[J]. Journal of Cleaner Production, 2020, 257.

[351]ZHOU Y, GUO L Y, LIU Y S. Land consolidation boosting poverty alleviation in China: Theory and practice[J]. Land Use Policy, 2019, 82.

后　记

本书是以我的博士学位论文为基础修改形成的。能够进入博士阶段继续深造，首先，要感谢我的导师李世祥教授。记得第一次与李老师通话是在2018年6月，那时候我已经在咸宁市土地收购储备中心工作了9个月，当得知能够被录取并进入地大李老师团队攻读博士学位时，内心欢呼雀跃、激动心情溢于言表。博士在读期间，我从李老师身上不仅学到为人处世的技巧和方法，更认识到做科研必须保持勤奋刻苦、善于钻研的精神品质，能够耐得住“寂寞”、坐得住“冷板凳”，不能心浮气躁、好高骛远，要脚踏实地、锲而不舍。在科研学习方面，李老师经常教育我们要保持敏而好学、不耻下问的学习态度，积极向身边更优秀的人学习，努力缩小与别人的差距。奈何个人资质愚钝，自知与李老师的严格要求相差甚远，但李老师总是耐心鼓励我，不断为我加油打气、出谋划策。记忆最深刻的就是论文临送外审之际，李老师还在逐字逐句对我的论文进行核对、修改，不断帮我调整文章框架结构，叮嘱还可以对论文进一步改进，每次想到这些，我的内心都感觉到特别不是滋味。生活中，李老师对我也是十分照顾。记得2020年上半年武汉刚刚解封，我和同师门的师兄师妹一起返校，但因为没有核酸证明，无法进入学校。李老师得知这一情况后，第一时间与我们取得联系，不仅给我们安排了住处，而且从自己家里拿来了锅碗瓢盆、米面油等生活必需品，并暖心嘱咐我们安心住下，做好防护，不要恐慌。

其次，还要感谢中国地质大学(武汉)公共管理学院的王占岐教授、黄德林教授、唐健教授、曾伟教授，以及经济管理学院的徐德义教授、易明教授和外国语学院的张峻峰教授在论文开题、预答辩时给予的指导和帮助。老师们知识渊博、站位高远，总能一针见血地指出论文存在的问题，并且提出富有建设性的意见和建议。此外，公共管理学院的胡守庚教授、龚健教授、李江风教授、周学武教授、殷跃建副教授，以及马克思主义学院的高翔莲教授、阮一帆教授和外国语学院的张伶俐老师是我博士研究生课程的授课老师，老师们讲课技艺高超、治学态度严谨、人格魅力宽厚，不仅丰富了我的专业基础知识，而且有效拓宽了我的研究视野，更加坚定了我从事科研的信心和决心。感谢公共管理学院的方世明教授、徐枫教授、李晓玉副教授、刘中兰副教授、黄砺副教授、王海娟副研究员、王颖副教授、刘成副教授、杨剩富副教授、姚小薇副教授、吴思副教授、钱文强老师、柴季老师、张頔老师、杨朝琦老师、王青涛老师以及工程学院的郭良杰老师一直以来对我的关心和照顾。

本书的顺利完成，离不开与我志同道合的小伙伴们的鼎力支持。感谢一起求学进步的207小伙伴，他们是郭凯路、王楠、李先敏、史见汝、刘梦茹、闫浩然、汪金峰。谢谢他们对我的理解和包容，以及在我出现困难时提供的无私帮助。与他们相识，是我一生的最大幸运。我要感谢同一师门的唐月、肖潇、刘思琦、何康、蒙柏琳、康契瀛、雷占昌、罗静丹、谭璐子、朝鲁门、谢曼丽、Philip、宋达然、兰若芷、Eme、万方文婷、赛娜、张智劼、王长骥、岳昌云、王雨薇、边永捷等，难以忘记大家在一起熬夜写本子、写报告的点点滴滴，他们那种快乐科研的精神态度深深感染着我。我还要特别感谢同师门已经毕业的李丽娟、黄昱劭、刘赛赛、黄珊、李海军、孙智奇、罗桥、王奕涵、李津至、张秀婧、彭婧、李沁园、刘兆博、王琨等，祝愿他们前程似锦，在各自的工作岗位上发光发热。此外，十分感谢冉澎铼、叶圣、余德、张利国、段修栋、李陈玉以及嘉文打印店对我论文写作过程中提供的帮助和支持。

衷心感谢我的父母，没有他们的支持，就没有我的今天。我的父母都是普普通通的农民，没有很高的文化水平，收入也不是很高。但在上学这件事上，他们一向都是无条件支持、从无怨言。想到自己在而立之年竟还不能替父母分忧解难，就感到十分愧疚。感谢我的姐姐一家人，能来武汉读博，很大程度是因为姐姐，这几年每逢周末都去她家改善生活，让原本枯燥的博士生活有了一丝丝慰藉。

我还要感谢我的妻子，她始终没有埋怨，更多的是理解和支持，默默付出。

离别是为了更好的相聚。唯愿大家各自珍重，江湖再见。

白　俊

2023 年 6 月 29 日于太原